Werner Gleißner, Ute Vanini, Thomas Berger, Markus Feldmeier, Tobias Flath,
Thomas Günther, Ralf A. Huber, Markus Kottbauer, Robert Rieg, Utz Schäffer,
Karl-Heinz Steinke, Marco Wolfrum

Entscheidungsvorlagen für die Unternehmensführung

Leitfaden für die Vorbereitung unternehmerischer Entscheidungen (Business Judgement Rule)

Haufe Group
Freiburg • München

Bibliografische Information der Deutschen Nationalbibliothek

Die Deutsche Nationalbibliothek verzeichnet diese Publikation in der Deutschen Nationalbibliografie; detaillierte bibliografische Daten sind im Internet über http://dnb.dnb.de abrufbar.

Die Deutsche Nationalbibliothek verzeichnet diese Publikation in der Deutschen Nationalbibliografie; detaillierte bibliografische Daten sind im Internet über http://dnb.dnb.de abrufbar.

ISBN 978-3-648-15723-7 Bestell-Nr. 01401-0042

Anschrift: Haufe-Lexware GmbH & Co. KG, Munzinger Straße 9, 79111 Freiburg
Telefon: 0761 898-0, Fax: 0761 898-3990, E-Mail: info@haufe.de, Internet: https://www.haufegroup.com

Kommanditgesellschaft, Sitz Freiburg
Registergericht Freiburg, HRA 4408
Komplementäre: Haufe-Lexware Verwaltungs GmbH,
Sitz Freiburg, Registergericht Freiburg, HRB 5557;
Martin Laqua

Geschäftsführung: Isabel Blank, Iris Bode, Jörg Frey, Birte Hackenjos, Joachim Rotzinger, Christian Steiger, Dr. Carsten Thies.
Beiratsvorsitzende: Andrea Haufe

USt-IdNr. DE812398835

Redaktion: Günther Lehmann (v. i.S.d. P.), Julia Grass.
Haufe-Lexware GmbH & Co. KG, Munzinger Straße 9, 79111 Freiburg
Schriftleitung: Prof. Dr. Werner Gleißner, Prof. Dr. Ute Vanini.

Umschlagbild: iStock by getty images
Umschlaggestaltung: deyhle & löwe Werbeagentur GmbH, Münchener Str. 45, 82131 Gauting
Druckvorstufe: Reemers Publishing Services GmbH, Luisenstraße 62, 47799 Krefeld.
Druck: Westermann Druck Zwickau GmbH, Crimmitschauer Straße 43, 08058 Zwickau.

Zur Herstellung dieses Buches wurde alterungsbeständiges Papier verwendet.

Sämtliche personenbezogenen Bezeichnungen in diesem Dokument sind geschlechtsneutral zu verstehen. Sie werden aus Gründen der Kürze und besseren Lesbarkeit verwendet und drücken damit keinerlei Geschlechterpräferenz aus.

Vorwort

Der Erfolg von Unternehmen hängt maßgeblich von guten und fundierten Entscheidungen ab. Von besonderer Bedeutung sind hierbei Entscheidungen mit hoher Tragweite und Bedeutung für das Unternehmen, die in der Regel von der Geschäftsführung getroffen werden.

Der vorliegende Leitfaden befasst sich mit den betriebswirtschaftlichen und auch rechtlichen Anforderungen an die Vorbereitung solcher sog. „unternehmerischen Entscheidungen".

Letztere ergeben sich nach § 93 AktG aus der „Business Judgement Rule" (BJR), die als Mindestanforderung für die Entscheidungsvorbereitung anzusehen und durch weitere Rechtsprechung konkretisiert ist. Demnach sind Vorstände und Geschäftsführer gehalten, die wesentlichen unternehmerischen Entscheidungen auf Basis angemessener Informationen zum Wohle des Unternehmens zu treffen.

Die Anforderungen der BJR an unternehmerische Entscheidungen stehen dabei grundsätzlich auch in Übereinstimmung mit den betriebswirtschaftlichen Anforderungen, gehen aber hinsichtlich der Berücksichtigung von Chancen und Risiken und deren Bewertung sicherlich über das hinaus, was in der Praxis in vielen Fällen heute noch üblich ist.

Ohne eine ausreichend tiefgehende Analyse der mit der Entscheidung verbundenen Risiken liegen dem Vorstand nach heutiger Rechtsprechung keine „angemessene Informationen" für die zu treffende Entscheidung vor, was im Konfliktfall zu Haftungsansprüchen führen kann. Dabei liegt im Kern der Intention der BJR nicht die Haftung, sondern die Sorgfaltspflicht der Geschäftsführungen bei der Entscheidungsvorbereitung.

Daher ist dieser Leitfaden insbesondere auch für Controllerinnen und Controller wichtig, die in vielen Unternehmen für die Geschäftsführung beratend und koordinierend im Zentrum der Entscheidungsvorbereitung stehen. Mit dieser koordinierenden Funktion ist häufig eine Richtlinienkompetenz hinsichtlich der einzuhaltenden Prozesse und der anzuwendenen Methoden verbunden. Als Konsequenz hieraus muss daher das Controlling auch die Angemessenheit der Risikoinformationen beurteilen, entweder aus eigener Fähigkeit heraus oder, was in der Praxis häufiger vorkommt, durch eine enge Zusammenarbeit mit dem Risikomanagement des Unternehmens.

Es ist daher durchaus empfehlenswert, den Prozess der Entscheidungsvorbereitung bis hin zur Entscheidungsvorlage einmal grundsätzlich und systematisch zu durchdenken. In einem folgenden Schritt gilt es zu regeln, wie zukünftig Entscheidungen im Unternehmen getroffen werdeh sollen und welche Inhalte eine Entscheidungsvorlage enthalten soll.

Hierzu liefert die vorliegende Schrift neben einer grundsätzlichen Betrachtung eine Vielzahl von praktischen Beispielen und Empfehlungen.

Der Vorstand des Internationalen Controller Vereins bedankt sich bei den Autorinnen und Autoren für ihre Bereitschaft, an diesem Band mitzuwirken und für ihre Beiträge im vorliegenden Leitfaden. Ein besonderer Dank geht an Prof. Dr. Ute Vanini und Prof. Dr. Werner Gleißner für die redaktionellen Arbeiten an diesem Leitfaden.

Den Leserinnen und Lesern wünschen wir eine interessante Lektüre und viele Impulse für ihre Arbeit in Controlling und Risikomanagement.

Prof. Dr. Heimo Losbichler
Internationaler Controller Verein e.V.

Inhalt

Die Autoren

Prof. Dr. Thomas Berger
Professor im Fachbereich Wirtschaftsingenieurwesen an der Dualen Hochschule Baden-Württemberg in Stuttgart.

Markus Feldmeier
Vice President Zentral Controlling bei der Zollner Elektronik AG in Zandt.

Tobias Flath
Director Business Assurance bei der Deloitte GmbH Wirtschaftsprüfungsgesellschaft in München.

Prof. Dr. Werner Gleißner
Technische Universität Dresden (Betriebswirtschaft, insb. Risikomanagement) und Vorstand der FutureValue Group AG und der EACVA (European Association of Certified Valuators and Analysts). Er vertritt einen Forschungsansatz zur Integration der Methoden aus Risikomanagement, Rating und Bewertungstheorie (speziell durch die Nutzung von Simulationsverfahren).

Prof. Dr. Thomas Günther
Inhaber des Lehrstuhls für Betriebliches Rechnungswesen/Controlling an der TU Dresden, Fakultät Wirtschaftswissenschaften sowie Adjunct Professor für Managerial Accounting an der Mannheim Business School.

Ralf A. Huber
Selbständiger, betriebswirtschaftlicher Berater mit dem Schwerpunkt der 2nd-line-of-defense, insbesondere dem entscheidungsorientierten Risikomanagement. Er ist Vorstandsmitglied der Risk Management & Rating Association e. V., Stiftungsrat der FUNK-Stiftung und Partner des Strategic Risk Instituts.

Dr. Markus Kottbauer
Gründer und Geschäftsführer der Unternehmensberatung decision partners. Seit 1999 berät er in Themen der Strategieentwicklung, Unternehmenssteuerung und Entscheidungsoptimierung. Er war 16 Jahre Partner und Trainer der Controller Akademie und 3 Jahre Herausgeber des Controller Magazins. Zuvor sammelte er Erfahrung als Berater bei Ernst&Young und SAP. Seit 2012 ist Dr. Kottbauer Dozent für Strategie und Controlling an der Hochschule Zürich.

Prof. Dr. Robert Rieg
Professor für Controlling und Interne Unternehmensrechnung sowie Prodekan für Forschung an der Fakultät Wirtschaftswissenschaften, Hochschule Aalen.

Prof. Dr. Utz Schäffer
Direktor des Instituts für Management und Controlling (IMC) der WHU – Otto Beisheim School of Management in Vallendar.

Karl-Heinz Steinke
Ehemals Leiter Konzern-Controlling und Kostenmanagement bei der Deutschen Lufthansa AG und bis 2019 Mitglied des Vorstands des Internationalen Controller Vereins e.V.

Prof. Dr. Ute Vanini
Professorin für Controlling und Risikomanagement an der Fachhochschule Kiel und Sprecherin des Arbeitskreises Controlling an Fachhochschulen und Hochschulen für angewandte Wissenschaften.

Marco Wolfrum
Partner und Senior Analyst, FutureValue Group AG sowie stellvertretender Vorsitzender des Vorstands Risk Management Association e. V. (RMA).

1 Einführung, Bedeutung und Relevanz

Im Arbeitsalltag eines Unternehmens werden täglich und auf allen Ebenen eine Vielzahl von Entscheidungen getroffen. Dabei sind Führungsentscheidungen von besonderer Bedeutung. Sie werden i.d.R. vom Vorstand oder der Geschäftsführung getroffen und sind somit nicht delegierbar. In Anlehnung an Gutenberg (1962) sind sie besonders bedeutend für die Vermögens-, Ertrags- und Liquiditätslage und betreffen häufig strategische Ziele und damit die langfristige Ausrichtung der Geschäftspolitik, die grundsätzliche Organisation und Abstimmung von Unternehmensbereichen oder die Beseitigung größerer Störungen im Betriebsablauf.

Führungsentscheidungen sind Ausdruck der Willensbildung und Grundlage der Willensdurchsetzung im Unternehmen. Ohne sie kann sich das Unternehmen nicht verändern oder sich an neue Rahmenbedingungen anpassen. Der Erfolg eines Unternehmens hängt somit wesentlich von der Qualität unternehmerischer Entscheidungen ab. Daher kommt der Entscheidungsvorbereitung und dem Prozess der Entscheidungsfindung eine hohe Bedeutung zu. An sie werden zu Recht hohe inhaltliche, methodische und auch rechtlich-formale Anforderungen gestellt, um Fehlentscheidungen und hiermit verbundene finanzielle Beeinträchtigungen oder sogar eine bestandsgefährdende Entwicklung für das Unternehmen zu vermeiden. Führungskräfte sollen Entscheidungen rational, d.h. begründbar (und auch nachvollziehbar), unter einer sachgerechten Zweck-Mittelbeziehung und zielorientiert vornehmen. Dies setzt voraus, dass sie über die erforderlichen Informationen und Methodenkenntnisse verfügen und diese im Entscheidungsprozess rational anwenden. Daher sind die betriebswirtschaftlichen Instrumente der Entscheidungsvorbereitung und die Qualität von Entscheidungsvorlagen kritische Erfolgsfaktoren.[1]

Seit der Kodifizierung der **Business Judgement Rule (BJR)** in § 93 AktG im Jahr 2006 unterliegen Vorstände und Geschäftsführer einer verstärkten Sorgfalts- und Nachweispflicht bei ihrer Entscheidungsfindung. Sie sind verpflichtet, Entscheidungen auf Basis angemessener Informationen und deren sachgemäßer Auswertung zu treffen. Dabei liegt die Beweislast bei den Entscheidern. Die Feststellung einer Sorgfaltspflichtverletzung führt jedoch nicht unmittelbar zu einem Haftungstatbestand. Hierfür ist es zusätzlich erforderlich, dass ein Schaden entstanden ist, der kausal mit der Sorgfaltspflichtverletzung verbunden ist. Nach neuerer Rechtsprechung wird jedoch fast immer ein möglicher Zusammenhang unterstellt, der zu einer rechtlichen Untersuchung des Sachverhaltes führt.[2] Daher tun Führungskräfte gut daran, ihrer gesetzlich geforderten Sorgfalt nachzukommen. Es ist das **Ziel** dieses Leitfadens, Entscheidern und Führungsdienstleistern, wie Controllern und Risikomanagern, die aktuellen Anforderungen und Standards nahezubringen. Zudem werden speziell für Controller Hilfestellungen für notwendige Inhalte und den Erstellungsprozess von Entscheidungsvorlagen formuliert.

[1] Vgl. Gleißner, 2021, S. 17ff.
[2] Vgl. RMA, 2019, S. 39ff.

Unternehmerische Entscheidungen betreffen die Zukunft des Unternehmens. Entscheidungen setzen voraus, dass Handlungsalternativen existieren. Dabei ist auch das Nichthandeln eine Alternative, nämlich die, den Status quo fortzuführen. Die Vorteilhaftigkeit einer Alternative ergibt sich durch den Vergleich mit einem vorab festgelegten Zielkriterium, z. B. der Veränderung des Unternehmenswertes. Dies gilt für Planungen, Einzelinvestitionen, Akquisitionen, Finanzierungen sowie weiteren Sachverhalten. Die hierzu notwendigerweise zu treffenden Prognosen über die zukünftigen Entwicklungen im wirtschaftlichen oder wettbewerblichen Umfeld des Unternehmens und Einschätzungen zur Wirkung der ausgewählten Alternative auf die Zielkriterien sind jedoch unsicher bzw. risikobehaftet. Ein besonderer Schwerpunkt dieses Leitfadens liegt daher auf dem adäquaten Umgang mit Chancen und Risiken bei der **Bewertung** der Vorteilhaftigkeit von Alternativen. Die Problematik eines im Rahmen von Entscheidungen angemessenen Umgangs mit Unsicherheiten wird in Kap. 2 ausführlich erläutert.

Unter dem Aspekt der BJR muss auch sichergestellt werden, dass in der Vorlage alle wesentlichen Informationen zur Entscheidungsfindung enthalten sind. Daher kommen der Gliederung und einer neutralen Darstellung der Sachverhalte in einer Vorlage erhebliche Bedeutung zu. Wie ist die Ausgangslage für die Entscheidung, welche Ziele werden verfolgt, welche Alternativen werden gesehen und welche Chancen und Risiken sind zu berücksichtigen etc. Das Ergebnis ist eine begründete Handlungsempfehlung für die Geschäftsführung. Soweit Informationen aus Gründen der Wesentlichkeit in der Vorlage selbst nicht enthalten sind, sind sie unter Verweis als Quelle nachvollziehbar zu dokumentieren. Die wesentlichen Inhalte von Entscheidungsvorlagen werden in Kap. 3 erläutert und anhand von zwei Fallbeispielen verdeutlicht.

Im heutigen, komplexen und dynamischen Unternehmensumfeld wird die Unternehmensführung kaum in der Lage sein, Führungsentscheidungen auf Basis ihres persönlichen Wissens oder ihrer Intuition zu treffen. Daher delegieren Vorstände bzw. Geschäftsführer die Entscheidungsvorbereitung an geeignete Fach- und Stabsbereiche. An diese sind die gleichen Anforderungen hinsichtlich der Sorgfaltspflicht zu stellen wie an die Unternehmensführung selbst, auch wenn letztere gesamtverantwortlich gegenüber dem Gesetzgeber bleibt. Die Koordination und Abstimmung der Beiträge der eingebundenen Organisationseinheiten wird dabei in vielen Unternehmen dem Controlling übertragen. Für Controller, insbesondere der Leitung des Controllings bedeutet das, im Unternehmen entsprechende Prozesse und Abläufe zu implementieren. Ein bedeutender Aspekt betrifft dabei die Sicherstellung der Trennung der Funktion des Antragstellers von der des Entscheiders, um eine neutrale Darstellung des Entscheidungssachverhaltes sicherzustellen. Ein weiterer Aspekt betrifft das vorherrschende Verständnis im Unternehmen über die Rolle des Controllers. Insbesondere für den Controller als „Business Partner“ ist es oft eine Gratwanderung, trotz Nähe zum Entscheider, die geforderte Neutralität zur Vorlage zu bewahren. Mit den vorgenannten Aspekten befasst sich das Kap. 4 des Leitfadens. Die besondere

Problematik einer umfassenden Funktionsabgrenzung in kleinen und mittelgroßen Unternehmen wird dabei in einem eigenen Kapitel erörtert.

Die Vielfalt an Sachverhalten, die in Unternehmen entschieden werden und damit verbundene Besonderheiten, sprengen den Rahmen für eine spezifische Darstellung in diesem Leitfaden. Kap. 5 zeigt die in der Praxis beobachtbaren, typischen Problemfelder für die Entscheidungsvorbereitung auf. In diesem Kapitel werden ausgewählte Themen vertieft, wie zum Beispiel der erstmaligen Implementierung eines BJR-konformen Systems zur Vorbereitung unternehmerischer Entscheidungen. Der Leitfaden schließt mit einem Fazit und einem umfangreichen Anhang ab.

2 Rechtliche Anforderungen und betriebswirtschaftliche Implikationen

2.1 Einführung

Anforderungen an Entscheidungsvorlagen und die Vorbereitung unternehmerischer Entscheidungen ergeben sich zunächst aus der **Business Judgement Rule** (BJR) nach § 93 AktG und der zugehörigen Rechtsprechung.[3] Zudem werden in Risikomanagement-Standards, wie dem COSO ERM 2017 und dem DIIR Revisionsstandard Nr. 2 ergänzende Anforderungen im Hinblick auf den Umgang mit Risiken bei der Vorbereitung unternehmerischer Entscheidungen formuliert. Die nachfolgend skizzierten, rechtlichen und regulatorischen Anforderungen an die Vorbereitung unternehmerischer Entscheidungen sind dabei nicht unabhängig von der Betriebswirtschaftslehre zu sehen. Im Wesentlichen fordern Gesetz und Rechtsprechung genau das, was betriebswirtschaftlich sinnvoll ist: Schon bei der Vorbereitung einer unternehmerischen Entscheidung sollte man deren Annahmen und Konsequenzen durchdenken und berücksichtigen, welche Risiken mit der Entscheidung verbunden sind. Rechtliche und ökonomische Anforderungen sind entsprechend weitgehend deckungsgleich.

2.2 Neue Herausforderungen durch die Business Judgement Rule[4]

Die BJR regelt schadensersatzträchtige Pflichtverletzungen von Vorständen und GmbH-Geschäftsführern.[5] Eine Pflichtverletzung liegt nicht vor, wenn ein Vorstandsmitglied oder Geschäftsführer bei einer „unternehmerischen Entscheidung" auf der Grundlage angemessener Information annehmen durfte, zum Wohle der Gesellschaft zu handeln. Voraussetzungen für die Anwendung der BJR ist neben der angemessenen Informationsgrundlage das Vorliegen geeigneter Entscheidungskriterien sowie der Kriterien geleitete Vergleich verschiedener Handlungs-

[3] Vgl. RMA, 2019, S. 39ff.
[4] In enger Anlehnung an Gleißner, 2021, und RMA, 2019.
[5] Vgl. § 93 AktG; § 84 Abs. 1 österreichisches AktG; § 25 Abs. 1 GmbHG.

möglichkeiten. Für diesen Vergleich sind Prognosen erforderlich, wie sich diese Alternativen auf die Erfüllung der Entscheidungskriterien auswirken und welche Risiken dabei entstehen können. Eine intuitive Entscheidung stellt in Bezug auf die Informationsgrundlage eine Black Box dar. „Dies ließe sich jedoch nicht mit dem Zweck des Gesetzes vereinbaren, der dem Schutz des Gesellschaftsvermögens und der Interessen der Gesellschafter am Bestand des Unternehmens dient...".[6] Der Entscheidungsprozess muss sich zudem an geeigneten betriebswirtschaftlichen Methoden der Entscheidungslehre orientieren.

Beispiel: Keine Haftung für „Pech", aber für schlechte Risikoanalyse

Bei der Entscheidung für die Durchführung eines Entwicklungsprojektes zeigt die Risikoanalyse, dass die Insolvenz eines für die Projektdurchführung erforderlichen Kooperationspartners zum Scheitern des Projektes und einem Totalverlust führen würde. Die Insolvenzwahrscheinlichkeit dieses Partners, eines innovativen Start-ups, wird mit 5 % pro Jahr angegeben. Tritt tatsächlich eine Insolvenz ein, haftet die Geschäftsleitung für dieses „Pech" nicht. Treten jedoch Risiken ein, die als solche nicht erkannt waren, kann dies problematisch werden.

Es ist die zentrale Intention des Gesetzgebers, mit der BJR sicherzustellen, dass kein Vorstand oder Geschäftsführer für Pech haftet. Unternehmertum und unternehmerische Entscheidungen sind unvermeidlich mit Chancen und Risiken verbunden. Mit jeder unternehmerischen Entscheidung, z.B. bezüglich einer großen Investition, Akquisition oder Produktneuentwicklung, geht das Unternehmen Risiken ein, die bei ihrem Eintritt große negative Planabweichungen, eine Gewinnwarnung, Verluste oder schlimmstenfalls sogar eine Insolvenz auslösen können. Ob sich ein Risiko realisiert, ist eine Frage von Glück oder Pech, also des Zufalls. Daher ist es unsinnig, einen Entscheider zu verurteilen, wenn er einfach Pech hatte (also ein an sich bekanntes und bewusst eingegangenes Risiko in einem erwartbaren Umfang eingetreten ist).[7]

Statt einer Haftung für das Ergebnis einer Entscheidung steht deshalb nun eine Sorgfaltspflicht für die Entscheidungsvorbereitung und Entscheidungsvorlage im Fokus. Welche Informationen „angemessen" sind, ergibt sich inzwischen sehr klar aus Rechtsprechung und den dortigen Verweisen auf die betriebswirtschaftlichen Methoden zur Vorbereitung von Entscheidungen unter Risiko:[8]

- Jede unternehmerische Entscheidung muss auf nachvollziehbaren Überlegungen beruhen.
- Sie muss unter Berücksichtigung anerkannter betriebswirtschaftlicher Verhaltensmaßstäbe erfolgen.

[6] Vgl. Graumann, 2014, S. 319.
[7] Vgl. RMA, 2019.
[8] Vgl. Graumann, 2010, S. 222ff.

- Das Erfordernis der Informationsbeschaffung und -verarbeitung darf das Management unter Abwägung der Kosten zu dem erwarteten Nutzen der Informationen treffen.

Eine Entscheidung unter Unsicherheit erfordert eine Risikoanalyse und ein Abwägen von Ertrag und Risiko der Entscheidungsalternativen. Neben der Beurteilung des Ertrag-Risiko-Profils müssen bei der Entscheidungsvorbereitung zudem die Anforderungen aus dem Gesetz zur Kontrolle und Transparenz im Unternehmensbereich (KonTraG) beachtet werden: Es ist insbesondere zu prüfen, ob sich durch die mit der Entscheidung einhergehenden, zusätzlichen Risiken eine „bestandsgefährdende Entwicklung" (i.S.d. § 91 Abs. 2 AktG) durch eine zu starke Belastung des Risikodeckungspotenzials ergeben würde.

Eine entsprechende Verpflichtung zur frühen Erkennung „bestandsgefährdender Entwicklungen" im Rahmen des Krisenfrüherkennungssystems fordert seit 1.1.2021 explizit auch § 1 StaRUG,[9] das sich auf alle haftungsbeschränkten Unternehmen, speziell damit auch mittelständische GmbHs, bezieht.

Die Anforderungen an die Vorbereitung unternehmerischer Entscheidungen und den Inhalt von Entscheidungsvorlagen sind also klar.[10] Werden diese Anforderungen nicht erfüllt, kann dies Sorgfaltspflichtverletzungen und persönliche Haftungsrisiken für die Unternehmensführung zur Folge haben. Dies ist insbesondere gegeben, weil die entsprechenden Anforderungen in Deutschland seit Ende 2018 durch den neuen Revisionsstandard des Deutschen Instituts für interne Revision (DIIR RS Nr. 2) klar ausgedrückt werden. Dieser hat zwar keinen Rechtscharakter, gleichwohl zeigt sich, dass derartige Standards vor Gericht sehr wohl bei der Entscheidungsfindung Berücksichtigung finden.

Eine Haftung von Organen oder Arbeitnehmern kommt auf der Basis verschiedener Anspruchsgrundlagen in Betracht. Diese sind in Bezug auf deren Voraussetzungen, Einschränkungsmöglichkeiten, der Frage der Beweislastverteilung und den möglichen Anspruchsgegner strikt zu unterscheiden. Die verschiedenen Haftungstypen können wie folgt differenziert werden:

Haftungstyp	**Grundlage**	**Haftungsgegner**
Arbeitsvertragliche Haftung	Normen des BGB zum Dienstvertrag §§ 611 ff. i.V.m. Arbeitsvertrag	Arbeitgeber, Ausnahme Auskunftsvertrag
Gesellschaftsrechtliche Haftung	Normen des GmbHG und des AktG i.V.m. der Satzung der Gesellschaft	Gesellschaft, ggf. in der Insolvenz der Insolvenzverwalter

9 BGBl. 2020 I, S. 3256.
10 Vgl. die Zusammenfassung bei RMA, 2019.

Haftungstyp	Grundlage	Haftungsgegner
Deliktische Haftung (Strafrecht)	§ 823 Abs. 1 BGB und § 823 Abs. 2 BGB i.V.m. der Verletzung eines Schutzgesetzes	Gesellschaft oder Dritte

Tab. 1: Formen der Haftung[11]

Soweit ein Manager nicht als Organ einer Gesellschaft (Vorstand oder Geschäftsführer) bestellt ist, ist eine arbeitsrechtliche Haftung möglich. Besteht aber auch eine Organbestellung, kommen eine Haftung sowohl nach arbeitsrechtlichen Grundsätzen als auch auf gesellschaftsrechtlicher Basis in Betracht. Ergänzend können sich Haftungsrisiken auch aus ausländischem Recht ergeben (z.B. sogar eine strafrechtliche Verfolgung nach US-amerikanischem Recht).

2.3 Definition „Unternehmerische Entscheidung" und Anforderungen an „angemessene Informationen"

Gesetzestexte und Rechtsprechung zur BJR verweisen regelmäßig auf die Betriebswirtschaftslehre und Entscheidungstheorie als Grundlage für die Operationalisierung der Begriffe „Unternehmerische Entscheidungen" und „angemessene Informationen". Es ist die Aufgabe der Betriebswirtschaftslehre, Instrumente und Methoden für die Vorbereitung von Managemententscheidungen bereitzustellen.

„Unternehmerische Entscheidungen" sind für das Unternehmen wesentlich. Sie erfüllen die folgenden **Merkmale:**[12]

1. Es ist mindestens ein Vorstand bzw. Geschäftsführer an der Entscheidung beteiligt, der hier in seiner Organeigenschaft und nicht etwa als disziplinarischer Vorgesetzter von Mitarbeitern agiert.
2. Die Entscheidung ist keine „gesetzlich gebundene" Entscheidung, d.h. es gibt einen Entscheidungsspielraum.
3. Es gibt verschiedene Handlungsoptionen (Alternativen).
4. Die Auswirkungen der Entscheidung sind unsicher, d.h. es bestehen Chancen und Gefahren (Risiken).

---

[11] RMA, 2019, S. 125.

[12] Siehe auch die ausführlichere Erläuterung bei RMA, 2019. Als weiteres Merkmal wird genannt, dass die Entscheidung zumindest potenziell wesentliche Auswirkungen auf das Unternehmen haben muss. Da sich allerdings auch anführen lässt, dass Entscheidungen genau deshalb von Vorstand bzw. Geschäftsführer getroffen werden, weil sie wesentliche Auswirkungen haben, empfiehlt es sich zu dokumentieren, wenn Geschäftsleiter ausnahmsweise auch „unwesentliche" Entscheidungen treffen (z.B. weil sie in anderer als ihrer Organfunktion Entscheidungen treffen). Dafür kann man allgemeine Regelungen festhalten.

Der Gesetzgeber geht dabei von der Vermutung aus, dass eine Entscheidung, die durch den Vorstand bzw. Geschäftsführer getroffen wird, für das Unternehmen wesentlich ist.

Beispiele für „Unternehmerische Entscheidungen" sind:

- Änderungen der Unternehmensstrategie
- die Festlegung der Jahresplanung bzw. des Jahresbudgets
- Akquisitionen und größere Investitionen
- Änderungen des Versicherungsschutzes oder die Festlegung wesentlicher Risikobewältigungsmaßnahmen
- Finanzierungsentscheidungen (speziell mit Kreditvereinbarungen bzw. Covenants)
- Großprojekten z.B. mit Kunden oder im Bereich Forschung und Entwicklung relevant

Aus der Rechtsprechung und den Erkenntnissen der Betriebswirtschaftslehre (speziell zu Entscheidungsmethoden) lassen sich klare inhaltliche Anforderungen an die Angemessenheit von Informationen ableiten.[13]

Das „Bereitstellen" von Informationen ist alleine nicht ausreichend, um eine sachgerechte Entscheidung zu ermöglichen. Eine unstrukturierte Informationssammlung zu einer Alternative ist keine adäquate Entscheidungsgrundlage, selbst wenn darin alle entscheidungsrelevanten Informationen enthalten sind. Im Hinblick auf die „Angemessenheit der Informationen" sind gemäß § 93 AktG nicht primär die Informationen selbst, sondern auch die zur Entscheidungsunterstützung verwendeten Prognose-, Analyse- und Bewertungsmethoden wesentliche Bausteine der Entscheidungsvorbereitung. Anforderungen an diese Methoden zur Entscheidungsvorbereitung sind insbesondere:

- Zielfestlegung: Das Ziel bzw. der Beurteilungsmaßstab (Performancemaß) für die zur Entscheidung anstehenden Handlungsoptionen muss klar definiert sein.
- Erwartungstreue Planwerte: In Bezug auf den Beurteilungsmaßstab müssen die „Erwartungswerte" für die einzelnen Handlungsoptionen vorliegen, also Planwerte, die unter Beachtung von Chancen und Gefahren „im Mittel" realisierbar sind.
- Früherkennung „bestandsgefährdender Entwicklungen": Die Verfahren müssen eine frühzeitige Identifikation möglicher „bestandsgefährdender Entwicklungen" (i.S.d. § 91 AktG), die durch diese Entscheidung entstehen könnte, erlauben. Beispielsweise durch eine Analyse der Auswirkungen auf das zukünftige Rating als Maß der Bestandsbedrohung.
- Quantifizierung des Verlustrisikos (bzw. Ertragsrisikos): Für jede Handlungsoption sollte der risikobedingte Umfang möglicher Verluste und damit der (zusätzliche) Eigenkapitalbedarf transparent gemacht werden.

[13] Vgl. RMA, 2019, S. 143ff.

- Risikogerechte Beurteilung: Für alle Handlungsoptionen sollten die erwarteten Erträge den eingegangenen Risiken gegenübergestellt werden, um die Vorteilhaftigkeit zu bestimmen. Dafür sind risikoorientierte Bewertungsverfahren erforderlich.

Bei einer Entscheidung unter Unsicherheit sind es insbesondere die Risikoinformationen zu jeder Entscheidungsalternative, die bei der Entscheidungsvorbereitung wesentlich sind und dem Vorstand bzw. Geschäftsführer zur Verfügung gestellt werden müssen. Die Konsequenz ist eine engere Verknüpfung von Controlling und Risikomanagement. In diesem Zusammenhang wird auch von einem „entscheidungsorientierten Risikomanagement" gesprochen.

Es ist wesentlich, dass bei einem derartigen, entscheidungsorientierten Risikomanagement mögliche positive Planabweichungen (Chancen) und mögliche negative Planabweichungen (Gefahren) gleichermaßen bei der Vorbereitung einer unternehmerischen Entscheidung berücksichtigt werden. Nachfolgend wird der Begriff **Risiko als Überbegriff für Chancen und Gefahren** verwendet und daher z. B. auf Chancen und Gefahren (Risiken) verwiesen, wobei sich Risiken dann immer auf beide Aspekte beziehen.

Im Ergebnis ist festzuhalten, dass das alleinige Bereitstellen von Informationen also nicht genügt – sie müssen auch adäquat ausgewertet werden („Abwägungsprozess"). Man benötigt einen adäquaten Entscheidungsprozess und eine angemessene Methode der Entscheidungsvorbereitung. Weitergehende Ausführungen zu den notwendigen Inhalten einer Entscheidungsvorlage finden sich in Kap. 3 und zum Prozess zur Erstellung einer solchen in Kap. 4.

2.4 Bedeutung von Unsicherheit und Risiko von Managemententscheidungen und Controlling

Alle unternehmerischen Entscheidungen sind auch Managemententscheidungen. Sie sind die Teilmengen der Managemententscheidungen, welche die in Kap. 2.3 genannten Eigenschaften erfüllen, insbesondere also nur von der Geschäftsleitung (Vorstand bzw. Geschäftsführer) getroffen werden dürfen, weil sie potenziell wesentliche und unsichere Auswirkungen auf das Unternehmen haben.

Das Treffen und Umsetzen von Entscheidungen gehört zu den zentralen Aufgaben des Managements. Managemententscheidungen sind durch folgende **Merkmale** gekennzeichnet:[14]

- Sie sind eher als **Prozess** denn als singuläres Ereignis zu verstehen. Bei der Problemanalyse werden das Entscheidungsproblem sowie mögliche Einflussfaktoren und Restriktionen, die zur Verfügung stehenden Alternativen und die für die Bewertung benötigten Informationen untersucht und das Entscheidungsproblem grundsätzlich strukturiert. Anschließend werden Entscheidungskriterien aus den

[14] Vgl. auch im Folgenden Eisenführ et al., 2010, S. 2 ff.

Unternehmenszielen abgeleitet und Informationen zur Alternativenbewertung beschafft, z. B. aus den Systemen des betrieblichen Rechnungswesens. Anhand der Informationen werden die Alternativen auf ihre Erfüllung der Entscheidungskriterien bewertet, bevor die Alternative mit dem höchsten Zielerreichungsbeitrag ausgewählt und umgesetzt wird. Die Zielerreichung muss während und nach Abschluss des Umsetzungsprozesses kontrolliert werden.

- Managemententscheidungen sind häufig **durch zahlreiche interne und externe Faktoren beeinflusst**. Bei den externen Einflussfaktoren, z. B. der Nachfrage auf einem relevanten Markt oder der Entwicklung von Rohstoffpreisen, wird auch von der Unternehmensumwelt gesprochen. Die internen Einflussfaktoren resultieren aus Abhängigkeiten der Unternehmensbereiche. Die Zahl der Einflussfaktoren bestimmt die **Komplexität** von Managemententscheidungen.
- Es besteht vielfach eine hohe **Unsicherheit** über die zukünftige Entwicklung vieler Einflussfaktoren sowie deren Auswirkungen auf die Unternehmensziele. Zudem sind die **Informationen** über die Einflussfaktoren und mögliche Entscheidungsalternativen häufig **unvollständig.** Bei **Entscheidungen unter Sicherheit** sind sowohl die zukünftigen Umweltentwicklungen, die zur Verfügung stehenden Alternativen wie auch deren Auswirkungen auf die Unternehmensziele vollständig bekannt. Die Entscheidung kann dann als Optimierungsproblem aufgefasst werden, bei der aus der Menge aller Alternativen diejenige mit dem höchsten Zielerreichungsgrad ausgewählt wird. In der Unternehmenspraxis sind Entscheidungen unter Sicherheit sehr selten. Bei **Entscheidungen unter Unsicherheit bzw. Risiko** kann sich die Unsicherheit kann sich dabei sowohl auf die zukünftige Entwicklung der Einflussfaktoren als auch auf die Abschätzung der Konsequenzen einer Alternativen auf die Unternehmensziele beziehen. Mögliche Ausprägungen der unsicheren Einflussfaktoren sowie ihre Auswirkungen auf die Unternehmensziele lassen sich dann durch Wahrscheinlichkeitsverteilungen abbilden.[15]

Da bei Entscheidungen unter Sicherheit alle Alternativen, Zukunftszustände der Einflussfaktoren und Zielwirkungen der Alternativen vollständig bekannt sind, können Optimierungskalküle zur Entscheidungsunterstützung eingesetzt werden. Aufgabe des Controllings ist die Ermittlung der Alternative mit dem höchsten Zielerfüllungsgrad. Bei Entscheidungen unter Unsicherheit bzw. Risiko müssen die mit einer Alternative verbundenen Risikofaktoren z. B. durch Simulationen in die Bewertungsmodelle integriert und die Risiken einer Entscheidungsalternative bewertet werden. Wesentliche Entscheidungskriterien sind dann der erwartete Ergebnisbeitrag und das Risiko einer Alternative. Liegen **unvollständige Informationen** z. B. zu möglichen Eintrittswahrscheinlichkeiten vor, können diese auch durch Wahrscheinlichkeitsverteilungen abgebildet werden. Dies erscheint in der Praxis gerechtfertigt, wenn man auch die subjektive Schätzung von Wahrscheinlichkeiten und Parametern von Wahrscheinlichkeitsverteilungen basierend auf den besten verfügbaren Informationen akzeptiert.[16] Im Folgenden

[15] Vgl. Eisenführ et al., 2010, S. 23 ff.
[16] Vgl. Holton, 2004.

werden wir daher nur noch von Entscheidungen unter Risiko oder riskanten Entscheidungen sprechen.

Da in der Unternehmenspraxis Entscheidungen unter Risiko durch eine Vielzahl unsicherer Faktoren beeinflusst werden, ist auch die Erreichung von geplanten Zielen unsicher. Das Controlling entwickelt daher Prognosen für die unsicheren Einflussfaktoren, die dann als Prämissen in die Entscheidung eingehen. Negative Abweichungen von diesen Prämissen können jedoch die Erreichung der geplanten Ziele gefährden und stellen somit Risiken für das Unternehmen dar. Positive Abweichungen sind Chancen, die vom Unternehmen erkannt und wahrgenommen werden müssen. Ein **Risiko** ist die Möglichkeit einer positiven (Chance) oder negativen Abweichung (Risiko i.e.S.) von den geplanten Unternehmenszielen aufgrund eines Ereignisses oder einer Entscheidung des Managements. Dabei kann es sich sowohl um finanzielle Ergebnisziele, z.B. das Betriebsergebnis, als auch nicht-finanzielle Sachziele, z.B. das Unternehmensimage, handeln. Risiken können durch ihre Eintrittswahrscheinlichkeit und ihre möglichen Abweichungen vom geplanten Zielwert (Schadensausmaß) beschrieben werden.[17] Die Elemente des Risikobegriffs werden in Abb. 1 zusammengefasst.

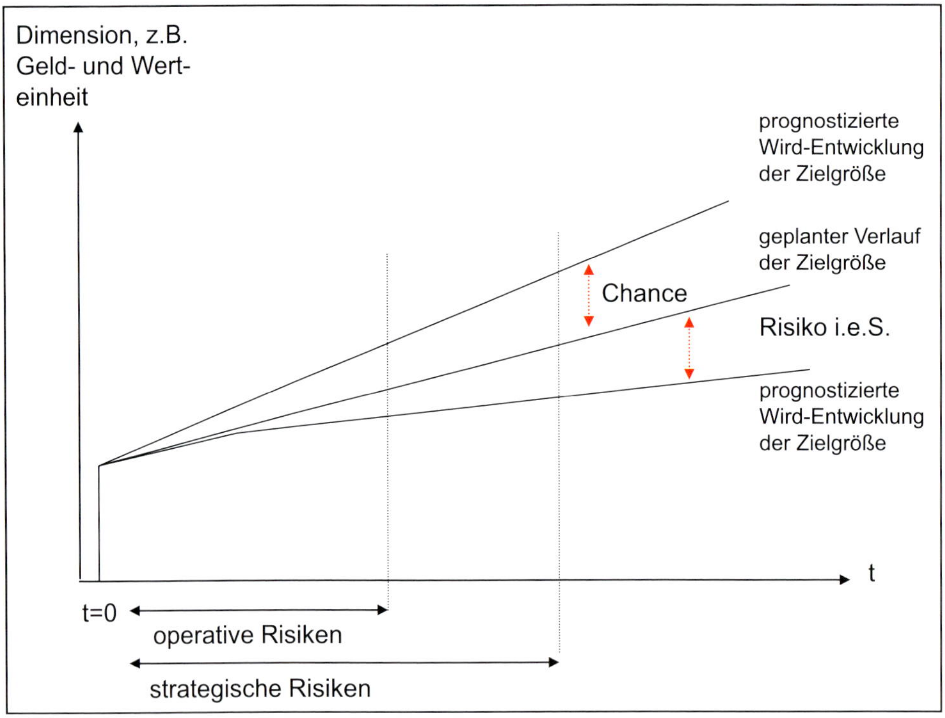

Abb. 1: Risikobegriff[18]

[17] Vgl. Vanini/Rieg, 2021, S. 26.
[18] Vanini/Weinstock, 2006, S. 380.

Die o.g. Definition berücksichtigt, dass Risiken bewusst eingegangen werden, um Chancen zu realisieren. Daher ist es für die Unternehmensführung notwendig, bei einer Entscheidung Chancen und Risiken abzuwägen. Die Vernachlässigung von Chancen birgt die Gefahr der übermäßigen Risikovermeidung. Dies kann dazu führen, dass Chancen nicht erkannt und damit nicht ergriffen werden, was den zukünftigen Erfolg und damit die Existenz des Unternehmens gefährden kann. Allerdings ist den Autoren bewusst, dass die Unternehmenspraxis sich vielfach auf die Betrachtung der negativen Abweichungen vom Planwert und damit einen Risikobegriff i.e.S. fokussiert. Letztendlich sind die vorgestellten Konzepte auch bei einem derartigen Risikoverständnis anwendbar. Zudem stellt die Definition auf die Messbarkeit von Risiken ab, da die Risikoquantifizierung anhand von Eintrittswahrscheinlichkeit und Schadensausmaß eine wichtige Voraussetzung für die Risikosteuerung ist.

2.5 Die Risikomanagement-Perspektive aus Sicht des DIIR Revisionsstandards Nr. 2

Aufgrund der unsicheren Auswirkungen von Entscheidungen ist die Analyse der Risiken, die mit einer Entscheidung verbunden sind, ein wesentlicher Teil einer Entscheidungsvorlage. Um solche Risikoanalysen zu erstellen, ist die Einbeziehung des gesetzlich erforderlichen Risikomanagements eines Unternehmens naheliegend. Insbesondere zur Unterstützung einer stärkeren Entscheidungsorientierung des Risikomanagements wurden in den letzten Jahren verschiedene Risikomanagement-Standards entwickelt bzw. überarbeitet, die diesem Sachverhalt Rechnung tragen und ein „entscheidungsorientiertes Risikomanagement" skizzieren. Ein solches ist eng verknüpft mit dem Controlling und arbeitet mit diesem bei der Vorbereitung unternehmerischer Entscheidungen zusammen. Die Idee eines entscheidungsorientierten Risikomanagements findet man z.B. in der COSO ERM Norm von 2017 und im Revisionsstandard Nr. 2 des Deutschen Instituts für Interne Revision (DIIR).

Mit dem DIIR Revisionsstandard Nr. 2 liegt erstmalig ein Standard vor, der die Anforderungen aus § 91 AktG und § 93 AktG gemeinsam betrachtet.[19] Er ist auf die Erfüllung der gesetzlichen Kernanforderungen wie z.B. die frühzeitige Identifikation möglicher „bestandsgefährdender Entwicklungen" fokussiert. Die Anwendung des DIIR Revisionsstandard Nr. 2 durch die Interne Revision oder Wirtschaftsprüfer kann dazu beitragen, bestehende Lücken im Risikomanagement aufzudecken und diese zu schließen. Hervorzuheben ist, dass der neue DIIR Revisionsstandard Nr. 2 nun erstmals zwei große Prüfungsfelder deutlich getrennt aufzeigt:

1. die Prüfung von Organisation und Prozessen im Risikomanagement sowie
2. die Prüfung der im Risikomanagement eingesetzten betriebswirtschaftlichen Methoden (z.B. zur Risikoquantifizierung und -aggregation).

[19] In enger Anlehnung an Gleißner/Kimpel, 2019, S. 151ff.

Ein in vielen Studien aufgezeigtes Problem besteht bisher darin, dass die Prüfung des Risikomanagements primär auf dessen Organisation und Prozesse ausgerichtet war (z.B. Prozesse für Risikoanalyse, -überwachung oder -reporting). Ob die hier genutzten Methoden aber überhaupt geeignet sind, um den (gesetzlichen) Anforderungen und den Zielen des Risikomanagements gerecht zu werden, wurde weniger häufig betrachtet.[20]

Von besonderer Bedeutung sind u.a. folgende Aspekte des DIIR Revisionsstandard Nr. 2:

- Das Risiko wird als Überbegriff für mögliche positive Abweichungen (Chancen) und negative Abweichungen (Gefahren, Risiken im engeren Sinn) verstanden. Die Einbeziehung der Chancen ist notwendig, um bei der Vorbereitung unternehmerischer Entscheidungen die hier bestehenden Handlungsoptionen (z.B. Investitionen) nicht einfach „schlecht zu rechnen". Eine Vernachlässigung der potenziellen positiven Planabweichungen kann zu einer zu pessimistischen Betrachtung des gesamten Risikoumfangs eines Unternehmens führen und erhebliche Auswirkungen auf die Überprüfung der Risikotragfähigkeit haben.
- Mit Bezug auf die gesetzliche Anforderung aus § 91 Abs. 2 AktG zur Erkennung möglicher „bestandsgefährdender Entwicklungen" wird die Risikoaggregation zum zentralen Prüfungsfeld, weil durch diese erreicht werden kann, dass auch mögliche bestandsgefährdende Entwicklungen aus Kombinationseffekten von Einzelrisiken erfasst werden.
- Wie auch im Prüfungsstandard IDW PS 340 wird die Notwendigkeit der Quantifizierung von Risiken betont. Zudem wird die darauf aufbauende Messung der Risikotragfähigkeit und Risikotoleranz empfohlen.[21] Eine reine qualitative Risikobewertung – wie in der Praxis nicht unüblich – ermöglicht keine Aussagen über „bestandsgefährdende Entwicklungen" und keine Überprüfung der Risikotragfähigkeit.
- Es wird hervorgehoben, dass es zu den Aufgaben des Risikomanagements gehört, schon bei der Vorbereitung wesentlicher unternehmerischer Entscheidungen deren Implikationen für den zukünftigen Risikoumfang nachvollziehbar aufzuzeigen, um potenzielle bestandsgefährdende Entwicklungen früh zu erkennen.
- Bei der Ermittlung von Risiken sind alle Managementsysteme, z.B. das Controlling oder das Qualitätsmanagement einzubeziehen.
- Das wesentliche Ziel der Risikoberichterstattung und -kommunikation besteht darin, dass Entscheidungsträger und Aufsichtsrat zeitnah über die Risikolage der Organisation informiert werden.

---

[20] Ulrich, 2019; Deloitte, 2020, und Köhlbrandt et al., 2020, zeigen methodische Defizite, z.B. im Bereich Risikoaggregation, die Erfüllung der gesetzlichen Anforderungen speziell aus § 91 AktG nicht gewährleistet ist.

[21] Vgl. hierzu auch IDW PS 981.

Die BJR hat also insgesamt erhebliche Implikationen für das Risikomanagement, das neben den traditionellen Aufgaben – Identifikation, Quantifizierung, Aggregation und Überwachung bestehender Risiken – nun auch bei der Vorbereitung unternehmerischer Entscheidungen unterstützen soll.

2.6 Betriebswirtschaftliche Implikationen am Beispiel von Entscheidungen über die Unternehmensplanung

Die Entscheidung über die jährliche Unternehmensplanung[22] erfüllt die in Kap. 2.3 genannten Merkmale einer unternehmerischen Entscheidung, wenn dadurch konkrete materielle Auswirkungen begründet werden, z.B. Projekte initiiert oder Budgets freigegeben werden. Keine unternehmerische Entscheidung könnte man vermuten, wenn

- die Unternehmensplanung und das Budget völlig „unverbindlich" sind und keine konkreten Auswirkungen haben,
- lediglich eine Prognose der Zukunftsentwicklung darstellen, ohne dass über irgendwelche Maßnahmen (z.B. Investitionen) entschieden würde, oder aber
- nur anzustrebende Ziele festgelegt werden, ohne dass zugleich über die zur Zielerreichung erforderlichen Maßnahmen entschieden würde.[23]

Diese Bedingungen dürften bei der Entscheidung über die jährliche Unternehmensplanung aber im Allgemeinen nicht erfüllt sein, da diese zugleich eine Entscheidung über die der Planung zugrundeliegenden Maßnahmen und Budgets darstellen (also z.B. die Entscheidung über die Durchführung einer Investition/eines Joint Ventures oder die Einstellung von Mitarbeitern). Natürlich ist die Entscheidung über eine große Investition eine unternehmerische Entscheidung im Sinne § 93 AktG und wenn diese z.B. bei der Entscheidung im Rahmen der Unternehmensplanung – oft zusammen mit anderen – getroffen wird.

Aus betriebswirtschaftlicher Sicht ergeben sich klare Anforderungen aus den rechtlichen Vorgaben. So ist z.B. zu beachten, dass eine Unternehmensplanung, die eine geeignete Vorlage für eine unternehmerische Entscheidung sein soll, auf Erwartungswerten basieren muss, die bestehende Chancen und Gefahren (Risiken) berücksichtigen. Eine zum Zweck der Unternehmenssteuerung möglicherweise durchaus sinnvolle Festlegung auf ambitionierte, d.h. über dem Erwartungswert liegende Zielwerte, ist keine adäquate Entscheidungsgrundlage. Man würde hier z.B. sich bei einer Investitionsentscheidung die Welt einfach „schön rechnen". Wenn man nämlich z.B. sehr ambitionierte Zielwerte für den Umsatz eines neuen Geschäftsbereichs festlegt, wird man ceteris paribus diesen zu günstig bewerten und sich daher möglicherweise für ein Investment entscheiden, obwohl dies bei einer „realistischen"

[22] Vgl. Gleißner, 2021.

[23] Hier ist zu diskutieren, ob nicht schon die Festlegung von Zielen in vielen Fällen als unternehmerische Entscheidung anzusehen ist.

(erwartungstreuen) Umsatzprognose wirtschaftlich nicht sinnvoll ist. Wenn ein Unternehmen zunächst ambitionierte Zielwerte festlegt, ist es für die Erstellung einer Entscheidungsvorlage erforderlich, diese erst unter Beachtung von Chancen und Risiken auf „erwartungstreue Planwerte", die sich „im Mittel" realisieren lassen, überzuleiten, wie es auch von den Grundsätzen ordnungsgemäßer Planung gefordert wird.[24]

Ausgehend von diesen Überlegungen mag ein Vorstand oder Geschäftsführer zu der Schlussfolgerung kommen, seine Unternehmensplanung einfach als „unverbindliche Orientierungswerte" zu interpretieren oder lediglich Zielwerte für die interne Unternehmenssteuerung festzulegen. In diesem Fall mag es gerechtfertigt erscheinen, die Freigabe dieser Unternehmensplanung nicht als unternehmerische Entscheidung anzusehen und daher die gesetzlichen Anforderungen an eine Entscheidungsvorlage nicht erfüllen zu müssen. Die Konsequenz ist offensichtlich: Wenn man mit der Unternehmensplanung nicht wirklich verbindlich über Investitionen, Budgets, Akquisitionen oder strategisch wichtige Produktentwicklungen entscheidet, sind hierfür eigenständige unternehmerische Entscheidungen nötig. Man müsste dann für alle bedeutenden Investitionen eigene Entscheidungsvorlagen erzeugen und den Bezug zur Unternehmensplanung herstellen, was nicht effizient wäre. Es erscheint dagegen sinnvoller, wenn man mit der Entscheidung über die Unternehmensplanung – soweit zum Entscheidungszeitpunkt bereits möglich – alle wesentlichen Maßnahmen, Investitionen und Teilentscheidungen verbindlich freigibt, auf denen diese Planung basiert.

Sind in der Unternehmensplanung Projekte oder Investitionen geplant, die noch nicht final freigegeben worden sind, nennt man diese „Vorbehaltsentscheidungen". Die Umsetzung solcher Maßnahmen oder Investitionen ist also in der Unternehmensplanung bereits „eingeplant", aber noch nicht final entschieden. Für sie ist später noch eine eigene Vorlage für eine unternehmerische Entscheidung erforderlich, die wieder alle oben genannten Anforderungen erfüllt (also insbesondere auch diejenigen Chancen und Gefahren nennt, die mit der Entscheidung einhergehen).

2.7 Die Grundsätze ordnungsgemäßer Planung (GoP)

Neben den Risikomanagement-Standards können auch Anforderungen an die Unternehmensplanung helfen zu präzisieren, welche Aspekte bei der Vorbereitung unternehmerischer Entscheidungen zu beachten und in Entscheidungsvorlagen zu dokumentieren sind. Relevant sind hier insbesondere die Grundsätze ordnungsgemäßer Planung (GoP). Der Bundesverband Deutscher Unternehmensberater (BDU) hat die GoP entwickelt, um die Transparenz, Aussagefähigkeit und Qualität von Unternehmensplanungen zu erhöhen. Insbesondere soll die Planung als fundierte Grundlage für unternehmerische Entscheidungen aber auch für die Unternehmens-

[24] Z.B. durch Risikoanalyse und Risikoaggregation, vgl. dazu Gleißner, 2017, S. 446ff.

steuerung und Unternehmensbewertung geeignet sein. Kernaspekte der Aktualisierung der GoP 2009 betreffen die Notwendigkeit, Transparenz über die Plannannahmen und den Grad an Planungssicherheit zu schaffen sowie Implikationen der Planung für das Rating und damit die Beurteilung eines Unternehmens aus Gläubigersicht.[25]

Mit den GoP existiert somit seit einigen Jahren ein Leitfaden, der durch die Verknüpfung von Controlling bzw. Planung und Risikomanagement die Voraussetzung dafür schafft, dass „entscheidungsgeeignete“ Planungen im Unternehmen entstehen. Daher werden ausgewählte GoP nachfolgend erläutert.

Jeder GoP-konformen Unternehmensplanung geht eine Analyse voraus, die sowohl den Ist-Zustand abbildet, als auch Erfolgspotenziale aufzeigt. Ausgangspunkt ist dabei die Prognose künftiger Entwicklungen und Veränderungen des Unternehmens und seines Umfeldes (z.B. Wettbewerber und Kunden) unter Berücksichtigung seiner Handlungsoptionen. Der Unternehmenspläne erfassen somit

- die Unternehmensziele,
- die strategische Ausrichtung,
- die geplanten Maßnahmen und
- die zur Realisierung vorgesehenen Mittel für die Planperioden (i.d.R. mindestens 3 Jahre).

Die Strategie ist gemäß GoP Grundlage der operativen Jahresplanung. Diese muss gemäß GoP mittels eines integrierten Planungsmodells Erfolgs-, Bilanz- und Cashflow-Planung transparent verknüpfen. Die Ableitung von Teilplänen (z.B. Absatz-, Personal-, Investitionsplan) wird von den GoP empfohlen.

Es ist eine weitere, wesentliche Anforderung der GoP, Planwerte zu bestimmen, die „im Mittel“ richtig sind, also bei denen mögliche positive und negative Planabweichungen adäquat berücksichtigt sind. Nur so berechnete Planwerte können die Grundlage für unternehmerische Entscheidungen sein – nicht jedoch z.B. „wahrscheinlichste Werte“ (Modus), wie man sie heute noch oft in der Planung sieht. Um erwartungstreue Planwerte zu bestimmen, ist eine quantitative Analyse der Risiken erforderlich, weil ein erwartungstreuer Planwert den Mittelwert aller risikobedingt möglichen Planszenarien darstellt (s. Kap. Risikoanalyse).

Eine wichtige Anforderung an eine Planung ist es, Transparenz über die Planungssicherheit zu schaffen. Risiken werden auch in den GoP als mögliche Planabweichungen definiert, was Chancen und Gefahren einschließt. Die GoP fordern Transparenz über diejenigen Risiken, die Planabweichungen auslösen können. So sind Risiken, z.B. in Form unsicherer Planannahmen, zu identifizieren und quantitativ zu beschreiben. Dies ist z.B. durch die Angabe von (a) Mindestwert, (b) wahrscheinlichstem Wert und (c) Maximalwert einer Plangröße oder Plannahme möglich. Durch die Angabe solcher „Bandbreiten“ werden Scheingenauigkeiten vermieden.

[25] Vgl. zu den GoP auch im Folgenden Gleißner/Presber, 2010.

Die Transparenz über die Planungssicherheit ist eine notwendige Voraussetzung für eine wertorientierte Unternehmensführung und risikogerechte Bewertung von Handlungsoptionen, da so die Bestimmung von planungskonsistenten Risikomaßen (Standardabweichung der Erträge oder Value-at-Risk) möglich wird, die dann wiederum eine Bestimmung der risikoadjustierten Kapitalkosten zulassen.[26] Die Finanzierungsplanung ist ein wesentlicher Teil der operativen Unternehmensplanung. Der zu finanzierende Kapitalbedarf des Unternehmens muss nachvollziehbar abgeleitet werden, z. B. unter expliziten Annahmen zu Debitorenfristen, Kreditorenfristen und Vorratsreichweiten sowie Investitionen. Eine Verknüpfung von Risikomanagement und Planung schafft die Voraussetzung dafür, risikogerechte Finanzierungsstrukturen abzuleiten, eine Bedrohung des zukünftigen Ratings rechtzeitig zu erkennen und bei wesentlichen Entscheidungen erwartete Erträge und Risiken im Sinne einer wertorientierten Unternehmensführung gegeneinander abzuwägen.[27]

Analog dem DIIR Revisionsstandard Nr. 2 fordern die GoP die Bestimmung des aggregierten Gesamtrisikoumfangs, da nur auf diese Weise der Umfang möglicher Planabweichungen (Planungssicherheit), der risikogerechte Eigenkapitalbedarf und der Grad der Bestandsgefährdung des Unternehmens – das Ruin- oder Insolvenzrisiko – beurteilt werden können.

Zwischen Unternehmensplanung und Rating gibt es eine wechselseitige Abhängigkeit, die gemäß GoP zu berücksichtigen ist. Zum einen ist zu beachten, dass die Auswirkungen der Planung auf die zukünftige Entwicklung wesentlicher Finanzkennzahlen wie der Eigenkapitalquote oder der Gesamtkapitalrendite das zukünftige Rating und damit Mindestanforderungen der Kreditinstitute an die Kreditwürdigkeit des Unternehmens beeinflussen. Eine Unternehmensplanung muss also auch aus Sicht der Gläubiger tragfähig sein („Ratingprognose"). Zum anderen ist mit dem Fremdkapitalzinssatz eine wichtige Kennzahl der Unternehmensplanung unmittelbar vom Rating und der geschätzten Insolvenzwahrscheinlichkeit des Unternehmens abhängig. Um also den zukünftigen Fremdkapitalzinssatz und damit den Zinsaufwand fundiert beurteilen zu können, müssen die Konsequenzen der Unternehmensplanung für die wesentlichen Finanzkennzahlen des Kreditratings abgeschätzt werden.

Mit den GoP wurde insgesamt eine wichtige Grundlage geschaffen, um Mindestanforderungen an eine Unternehmensplanung klarzustellen, die zu „angemessenen Informationen" im Sinne von § 93 AktG führt. Hervorzuheben sind die Forderungen nach mehr Klarheit bezüglich der verwendeten Begriffe und der Transparenz über Einzelrisiken sowie die Planungssicherheit sowie die Anforderung, eine Unternehmensplanung auch aus Perspektive der Gläubiger zu beurteilen. Die Umsetzung der GoP schafft die Voraussetzung dafür, dass im Unternehmen grundsätzlich ein adäquates betriebswirtschaftliches Instrumentarium existiert, das hilft, gut fundierte

[26] S. zur Risikoanalyse Abschn. 3.6 und zur Ableitung von Kapitalkosten aus einer Risikoanalyse Abschn. und weiterführend Gleißner, 2011.

[27] Vgl. z. B. Gleißner, 2011, S. 345 ff.; Gleißner, 2017, S. 446 ff.

Entscheidungsvorlagen abzuleiten. Damit sind die GoP ein geeignetes Rahmenwerk, um die Anforderungen der BJR zu erfüllen.[28]

2.8 Fazit

Die wesentlichen Anforderungen an den Prozess der Entscheidungsvorbereitung und die durch diesen in Entscheidungsvorlagen bereitgestellten Informationen ergeben sich aus der Rechtsprechung zur BJR, die auf die betriebswirtschaftliche Entscheidungstheorie verweist.[29] Im Grundsatz ist festzuhalten, dass in der Entscheidungsvorlage alle Informationen zu finden sein sollten, die ein rationaler Entscheider mit adäquaten methodischen Kenntnissen für seine Entscheidung benötigt. Da die Beweislast für die Angemessenheit der jeweiligen Entscheidung zugrundeliegenden Informationen beim Vorstand liegt, bedeutet dies, dass alle entscheidungsrelevanten Informationen transparent nachvollziehbar und für Dritte verständlich zu dokumentieren sind. Die grundlegenden Anforderungen kann man in drei Teilaspekte aufteilen:

1. Vollständigkeit der Inhalte: Die Entscheidungsvorlage muss bestimmte Inhalte wie bestehende Handlungsoptionen, Annahmen der Planung und insbesondere Risiken aufweisen.
2. Angemessenheit der Informationen und Entscheidungsvorbereitung: Der Einsatz von Ressourcen für die Entscheidungsvorbereitung (Arbeitszeit, Kosten) und der Umfang der Dokumentation muss in Anbetracht der Bedeutung und der Risiken der Entscheidung angemessen sein.
3. Neutralität: Die Entscheidungsvorlage muss neutral sein, d.h. ein möglichst intersubjektiv nachvollziehbares und durch persönliche Interessen unbeeinflusstes Bild der Entscheidungssituation bieten (was die Entscheidungsvorlage abgrenzt von einem Antrag, bei dem ein Antragssteller in der Regel durchaus persönliche Interessen einbringt).

Die drei Teilaspekte werden im nächsten Kapitel erläutert.

3 Inhalte von Entscheidungsvorlagen

3.1 Allgemeine Anforderungen und Inhalte

Um das Kriterium der Vollständigkeit zu erfüllen, müssen Entscheidungsvorlagen für unternehmerische Entscheidungen Informationen zu folgenden Fragen bereitstellen:[30]

---

[28] Vgl. Graumann, 2014, S. 317ff.; RMA, 2019, S. 166ff.

[29] Vgl. RMA, 2019, S. 178ff; Graumann et al., 2009, S. 495ff.

[30] Vgl. Graumann, 2014, S. 319; Graumann et al., 2009, S. 495ff. Infolge der Beweislast beim Vorstand empfiehlt es sich, die Entscheidungsvorlagen mit den nachfolgend erläuterten Inhalten zu archivieren (z.B. für 10 Jahre, vgl. dazu § 43 Abs. 2 GmbHG; § 93 Abs. 2 AktG und § 195 BGB zum Beginn von Verjährungsfristen).

- Welche Ziele werden bei der Entscheidung verfolgt? Gibt es Nebenbedingungen, die bei der Zielerreichung beachtet werden müssen?
- Welche Handlungsoptionen (Alternativen) stehen für die Zielerreichung zur Verfügung?
- Welche Annahmen werden für die Zielerreichung getroffen?
- Wie wirken sich die Alternativen auf die Zielerreichung aus?
- Mit welchen Chancen und Risiken ist die Umsetzung der Alternativen verbunden?

Nach einer kurzen Erläuterung über den Entscheidungsgegenstand sollte in einer Entscheidungsvorlage angeführt werden, welche **Ziele** durch die Entscheidung erreicht werden sollen. Dabei sollte Bezug auf die oberste Zielgröße des Unternehmens genommen und ein **Beurteilungsmaßstab** abgeleitet werden, anhand dessen verschiedene Handlungsoptionen bei der Entscheidungsvorbereitung bewertet werden. Speziell ist ein risikogerechter und modellbasierter Unternehmenswert als Kennzahl für das Ertrag-Risiko-Profil der Handlungsoptionen sinnvoll.[31] Ebenfalls anzugeben sind **Nebenbedingungen** der Zielerreichung, die die Menge der Handlungsoptionen einschränken, z.B. die im Unternehmen verfügbaren Ressourcen oder von der Unternehmensführung[32] formulierte Sicherheitsziele z.B. Mindestanforderungen an das Rating.

Zu jeder Entscheidungsvorlage gehört eine Beschreibung der **Ausgangssituation** (Ist-Zustand). Diese Beschreibung wird oft auch bereits vor die Erläuterung der Handlungsoptionen gestellt. Des Weiteren sind in der Entscheidungsvorlage die betrachteten **Handlungsoptionen**, die beurteilt wurden und zu deren Umsetzung eine Entscheidung von Vorstand oder Geschäftsführung notwendig ist, zu beschreiben. Schon vorab ausgeschlossene Handlungsoptionen – z.B. die Nebenbedingungen verletzen – sollten dabei zumindest erläutert werden, um klarzustellen, wie die in der Entscheidungsvorlage betrachteten Handlungsoptionen tatsächlich ausgewählt wurden. Dazu gehört eine erste (qualitative) Beurteilung, die durch eine Diskussion der **Vor- und Nachteile** erfolgen kann.

Entscheidungen beziehen sich auf die Zukunft. Damit sind Prognosen für die (unsichere) zukünftige Entwicklungen, z.B. in Bezug auf die Entwicklung relevanter Umweltfaktoren, erforderlich. Neben Prognosen für den Status Quo[33] müssen Vorhersagen für die Zielwirkungen aller betrachteter Handlungsoptionen gemacht werden, in letzter Konsequenz für Gewinne, Ertrag und das oben spezifizierte Ziel sowie die Nebenbedingungen.. Dabei ist zu erläutern, wie diese Prognosen erstellt wurden (speziell welches Planungs- oder Prognosemodell zugrunde liegt). Außerdem sind die wesentlichen **Annahmen** zu nennen, auf denen die Prognosen

[31] Zu den Methoden des Abwägens von Ertrag und Risiko und damit einer „risikogerechten Bewertung" vgl. Gleißner, 2013, S. 83.

[32] Im Rahmen der Risikopolitik vgl. Gleißner, 2000, S. 1625ff.

[33] Eine oft in Entscheidungssituationen vorhandene Handlungsoption: Man macht zunächst einmal nichts anderes als bisher.

basieren. Viele der Annahmen sind unsicher. Mögliche Abweichungen von den getroffenen Annahmen führen zu **Chancen und Risiken** bei der Zielerreichung. Unternehmerische Entscheidungen bei einer nicht sicher vorhersehbaren Zukunft sind somit immer mit Risiken verbunden, weil (1) die Entwicklung des Unternehmensumfelds und (2) die Zielwirkung der Umsetzung einer Handlungsoption unsicher sind. Ein zentrales Element jeder Entscheidungsvorbereitung ist somit eine strukturierte Identifikation, Quantifizierung und Aggregation der mit den jeweiligen Handlungsoptionen verbundenen Chancen und Risiken.[34] Insbesondere die unsicheren Planannahmen sind als Risiken zu erfassen (z.B. durch die Angabe von Mindestwert, wahrscheinlichstem Wert und Maximalwert ihrer möglichen Ausprägungen oder der Angabe alternativer Zukunftsszenarien).

Wesentlich ist zu beachten, dass die rechtlichen Anforderungen der BJR nicht nur für Aktiengesellschaften, sondern auch für mittelständische GmbHs relevant sind. Dies ergibt sich aus den gesetzlichen Erläuterungen und dem Sachverhalt, dass der Gesetzgeber im wesentlichen Sorgfaltsverpflichtungen präzisieren wollte und selbst im Aktiengesetz von Geschäftsleitung und Geschäftsführung spricht.[35] Für Geschäftsführer einer GmbH ergeben sich aus der BJR persönliche Haftungsrisiken, wenn ein (Minderheits-)Gesellschafter sich infolge einer Entscheidung des Geschäftsführers geschädigt fühlt oder es zu einer Insolvenz kommt und damit Gläubiger Schaden erleiden.[36]

Da sich weder Planung noch Risikoquantifizierung für Entscheidungsvorlagen und den darin enthaltenen Annahmen durchgängig auf objektiven Informationen aufbauen lässt, ist vollständige Objektivität schwer erreichbar. Sowohl die Planung einer Handlungsoption als auch die unmittelbar daraus resultierenden Chancen und Risiken sind subjektiv.[37] Die Anforderung an eine Entscheidungsvorlage ist somit nicht Objektivität, sondern Nachvollziehbarkeit und Transparenz. Insbesondere ist es erforderlich, dass die Entscheidungsträger die zugrundeliegenden Annahmen kennen und akzeptieren. Die hier angesprochenen Themenfelder werden in den nachfolgenden Kapiteln näher erläutert.

3.2 Ziele, Beurteilungsmaßstab und Nebenbedingungen von Entscheidungen

Grundlage unternehmerischer Entscheidungen sind eindeutig und vollständig definierte Ziele.[38] Nur dann kann der Controller beurteilen, welche Informationen

[34] Vgl. Gleißner, 2017, auch zu Risikoaggregation, also der Auswertung von Kombinationseffekten von Einzelrisiken (Monte-Carlo-Simulation).
[35] In Österreich sind die Regelungen zur BJR sowohl im Aktiengesetz als auch im GmbH-Gesetz verankert.
[36] Vgl. RMA, 2019, S. 87ff.
[37] Auch die Bewertung von Handlungsoptionen basiert auf sogenannten subjektiven „Entscheidungswerten", vgl. Matschke/Brösel, 2013.
[38] Vgl. Siebert/Keeney, 2020, S. 4ff.; Bond et al., 2008, S. 56ff.

und Methoden ein Manager für eine bestimmte Entscheidung benötigt. Ohne die Kenntnis der Entscheidungsziele kann ein Entscheider zudem keine geeignete Alternative auswählen. Der Controller kann die Qualität von Managemententscheidungen sicherstellen, indem er geeignete Entscheidungskriterien aus den Unternehmenszielen ableitet.[39]

Es gibt unterschiedliche Arten von Zielen. Nach ihrem Inhalt lassen sich **Sachziele**, die konkrete Handlungen und Sachverhalte bei der Ausübung der verschiedenen Unternehmensfunktionen beschreiben, und **Formal- bzw. Erfolgsziele**, die das übergeordnete Unternehmensziel abbilden, unterscheiden. Sachziele können Markt- und Kundenziele, z.B. die Erzielung eines bestimmten Marktanteils, Produktions- und Qualitätsziele, z.B. die Reduktion des Produktionsausschusses, oder Mitarbeiterziele, z.B. die Verbesserung der Mitarbeiterzufriedenheit, sein. Sie dienen der operativen Steuerung der Funktionsbereiche eines Unternehmens. Formal- bzw. Erfolgsziele werden aus dem allgemeinen Rationalitätsprinzip abgeleitet, das den wirtschaftlichen Einsatz von knappen Unternehmensressourcen fordert. Sie dienen der Bewertung des Erfolgs von unternehmerischen Entscheidungen.

Ziele bilden somit eine notwendige Grundlage für Managemententscheidungen und damit auch für die Entscheidungsunterstützung durch das Controlling. Es stellt sich die Frage, welche Unternehmensziele es gibt und wie der Controller den Zielbildungs- und -festlegungsprozess unterstützen kann. Siebert und Keeney (2020) empfehlen für die Entscheidungsvorbereitung ein „Alternative-focused Thinking“ und ein „Value-focused Thinking“. Eine Verbesserung der Entscheidungsvorbereitung und der Entscheidungsfindung ist möglich, wenn zunächst das gesamte Zielsystem klar und präzise arbeitet. Dies ist Voraussetzung für (1) eine zielgerichtete Entwicklung von Handlungsalternativen und (2) eine zielgerichtete Erhebung von Informationen.[40]

Wesentlich ist, dass die Entwicklung des Zielsystems am Anfang der Entscheidungsvorbereitung vor der systematischen Entwicklung der Handlungsalternativen steht.

Anschließend müssen die Entscheidungsziele durch geeignete Kennzahlen operationalisiert werden. Für privatwirtschaftliche Unternehmen stellen Formalziele die Oberziele da, an denen sich die Sachziele auszurichten haben. Formalziele können unterschiedlich operationalisiert werden:[41]

- Auf der **finanzwirtschaftlichen Ebene** lässt sich das Ziel der Wirtschaftlichkeit durch den Kapitalwert konkretisieren. Der Kapitalwert ist der abgezinste Zahlungsstrom, der durch ein Bewertungsobjekt mit einer mehrperiodigen Nutzungsdauer wie z.B. eine **Investition** oder eine **Unternehmensakquisition** verursacht wird. Somit unterstellt der Kapitalwert eine mehrperiodige Betrachtung.

[39] Vgl. auch im Folgenden Weber/Schäffer, 2020, S. 45ff.; Vanini et al., 2019, S. 32ff.
[40] Vgl. Gleißner, 2003, S. 160ff.
[41] Vgl. Dellmann/Pedell, 1994, S. 2f.; Vanini et al., 2019, S. 84ff.

- Aus **güterwirtschaftlicher Sicht** wird dagegen Wirtschaftlichkeit als **Unternehmensergebnis** einer Abrechnungsperiode bewertet. Das Unternehmensergebnis lässt sich im externen Rechnungswesen als Differenz zwischen Erträgen und Aufwendungen bzw. in der internen Kosten- und Leistungsrechnung als Differenz zwischen Leistungen und Kosten ermitteln.
- Auf der **Handlungsebene** einzelner Prozesse oder Produkte wird Wirtschaftlichkeit durch **Produktivität** oder spezifische Maße z. B. Preise gemessen. Stehen bei der Ableitung der Formalziele die Interessen der Unternehmenseigentümer im Vordergrund, so lässt sich noch eine wertorientierte Sichtweise mit dem Unternehmenswert als weitere Konkretisierung der Wirtschaftlichkeit ergänzen.

Nach dem **Ausmaß der Zielverfolgung** wird zwischen Extremal- und Satisfizierungszielen unterschieden. Extremalziele lassen sich in Maximierungsziele z. B. Gewinnmaximierung und Minimierungsziele z. B. Kostenminimierung unterteilen. In der Praxis verfolgen Unternehmen wegen des Zeitdrucks von Entscheidungen, fehlender Informationen zu Einflussfaktoren auf die Zielerreichung und fehlender gesellschaftlicher Akzeptanz eher Satisfizierungsziele, für die ein akzeptables Zielausmaß wie z. B. ein Gewinnwachstum von 10 % festgelegt wird.[42]

Problematisch bei der Erstellung von Entscheidungsunterlagen ist, dass durch eine unternehmerische Entscheidung häufig **mehrere Ziele** verfolgt werden sollen. Allerdings sind Ziele häufig nicht unabhängig voneinander. Die Analyse möglicher Zielbeziehungen ist Aufgabe des Controllers. Dabei wird zwischen neutralen, komplementären und konfliktären Zielen unterschieden. **Neutrale Ziele** liegen vor, wenn sich Ziele nicht gegenseitig beeinflussen. Bei **komplementären Zielen** unterstützt die Erreichung eines Ziels die Erfüllung eines anderen, z. B. kann eine Verbesserung der Servicequalität zu einer höheren Kundenzufriedenheit führen. Oft liegen Mittel-Zweck-Beziehungen zwischen diesen Zielen vor. Bei **konfliktären Zielen** bewirkt die Erreichung eines Ziels die Minderung eines anderen, so kann z. B. eine Verbesserung der Servicequalität zu einer Kostenerhöhung führen.[43]

Bei Zielkonflikten gibt es folgende Lösungsansätze:[44]

- Ein Ziel wird zum dominanten Ziel erklärt und die konfliktären Ziele werden vernachlässigt (Zielunterdrückung).
- Es wird ein Anspruchsniveau für ein Ziel festgelegt. Das Zielausmaß des konkurrierenden Ziels wird dann unter der Nebenbedingung der Sicherstellung des Anspruchsniveaus optimiert.
- Die konfliktären Ziele werden nach ihrer Relevanz gewichtet (Zielkompromiss).

Speziell bei „unternehmerischen Entscheidungen“ im Sinne § 93 AktG sollte möglichst immer auf das oberste Unternehmensziel Bezug genommen werden. Ein aus einem solchen Ziel abgeleiteter Erfolgsmaßstab (Entscheidungskriterium) verknüpft und

---

[42] Vgl. Rieg, 2015, S. 27f.
[43] Vgl. Horváth et al., 2015, S. 51; Vanini et al., 2019.
[44] Vgl. Küpper et al., 2013, S. 143ff.

gewichtet mehrere denkbare Teilziele. Die Verwendung eines einheitlichen obersten Zielkriteriums zumindest bei unternehmerischen Entscheidungen hat den Vorteil, dass beim Vergleich mehrerer unternehmerischer Entscheidungen man nicht fallweise Teilziele unterschiedlich gewichtet und sich damit dem Vorwurf einer Willkür aussetzt.

Eine an den Interessen der Eigentümer orientierte Zielsetzung mit einem Oberziel, dem Unternehmenswert, ist die Grundlage der wertorientierten Unternehmensführung. Der Unternehmenswert bezieht sich auf das Vermögen der Eigentümer[45] und erfasst als Kennzahl erwartete Höhe, Zeitpunkt und Risiko aller zukünftigen Zahlungen (Cashflows). Die Interessen anderer Stakeholder, wie z.B. Mitarbeiter oder Kunden, werden implizit berücksichtigt, weil natürlich ohne motivierte Mitarbeiter und zufriedene Kunden die Ziele der Eigentümer nicht erreichbar sind. Auf die Berechnung risikoadjustierter Performancemaße, wie speziell den Unternehmenswert, wird in Kap. 3.8 noch näher eingegangen.

Anzumerken ist ergänzend, dass die Auswahl von Handlungsoptionen bei unternehmerischen Entscheidungen auch durch formulierte **Nebenbedingungen** eingeschränkt werden kann. Typische Nebenbedingungen speziell bei mittelständischen Familienunternehmen beziehen sich auf den maximal akzeptierten Risikoumfang, insbesondere den Umfang des Insolvenzrisikos (Insolvenzwahrscheinlichkeit). Auch den Unternehmenswert zielsteigernde Handlungsoptionen, wie riskante Investitionen oder Akquisitionen, werden dann a priori ausgeschlossen, wenn die damit einhergehenden zusätzlichen Risiken zu einer nicht mehr akzeptierten Insolvenzwahrscheinlichkeit führen würden (z.B. Insolvenzwahrscheinlichkeit > 5 %, entsprechend etwa der Grenze vom BB- zum B-Rating).

3.3 Situationsbeschreibung und Analyse der Ausgangssituation

Mittels einer Entscheidungsvorlage soll über Maßnahmen entschieden werden, die geeignet sind, durch Bewältigung spezifischer Probleme oder Konflikte, gesetzte Ziele zu erreichen. Die Zielsetzung selbst erfolgt zeitlich vor der Vorlage, i.d.R. im Zuge routinemäßiger Aktualisierungen strategischer oder operativer Planungen oder ad-hoc bei unvorhergesehenen Problemen bzw. Abweichungen vom Zielpfad.

In vielen Unternehmen beginnt eine Entscheidungsvorlage mit einem Petitum. Das **Petitum** beschreibt konkret, was entschieden werden soll, z.B.: „Der Vorstand wird gebeten, dem Erwerb, der Gründung, dem Projekt, der Strategie, der operativen Planung [...] zuzustimmen". Gleichzeitig wird darum gebeten, die zur Umsetzung der Entscheidung notwendigen Ressourcen (Personal, Geld etc.) freizugeben.

Was folgt, ist eine **Situationsbeschreibung** und Analyse der Ausgangssituation, die letztlich zu dieser Entscheidungsempfehlung führt. Unter dem Aspekt der Verständlichkeit und Nachvollziehbarkeit ist zunächst zu beschreiben, welche strategi-

[45] Die Orientierung an den Interessen der Eigentümer resultiert auch daher, dass diese im Gegensatz zu den anderen Stakeholdern keine vertraglich fixierten Zahlungsansprüche haben.

schen oder operativen Ziele durch die beantragte Maßnahme unterstützt oder erreicht werden sollen, z. B.: „Mit der Ausweitung der Produktionskapazitäten kann der Wachstumskurs, [...] mit dem neuen Produkt können neue Kundengruppen angesprochen werden [...] mit der Anpassung der Strategie wird auf die Markt- und Wettbewerbsveränderungen reagiert". Es gilt zu beurteilen, welche Zielrelevanz der vorgelegte Entscheidungssachverhalt hat. Für eine genauere Beschreibung kann ggf. auf die Vorlage zur aktuellen Strategie oder auf andere Dokumente zurückgegriffen werden. Im Prozess der Zielbildung sollten bereits wesentliche Aspekte wie Konfliktfreiheit, Prüfung auf Realisierbarkeit, Priorisierungen sowie Zuständigkeiten und Zeitrahmen geklärt worden sein, auf die Bezug genommen werden kann.

Die Feststellung der Übereinstimmung des Sachverhaltes mit der Intention und den Zielen der Planung allein reicht jedoch nicht für die Beschreibung der Ausgangslage aus. Vielmehr ist durch die Beschreibung der Ist-Situation das **Problem** oder der Konflikt ausführlich darzustellen z. B. „mangelnde Lieferfähigkeit wegen nicht ausreichender Kapazität und ggf. Kundenverluste", „keine Partizipation in einem lukrativen neuen Markt" oder „die bisherige Strategie greift nicht, berücksichtigt neuere Entwicklungen nicht (z. B. verändertes Nachfrageverhalten nach der Pandemie)". Zudem sollte aufgezeigt werden, in welchen Segmenten, Kunden- und Produktgruppen, Märkten oder Geschäftsbereichen die Probleme beobachtet werden konnte, welche Ausmaße die Probleme im Zeitablauf erreichten und wie die Dynamik des Problems einzuschätzen ist.

Hieraus sollten sich auch die Konsequenzen aufzeigen lassen, wie sich die **Ist-Situation** entwickelt, wenn man **nicht gegensteuert**, z. B. „weitere Verluste von Marktanteilen", „weitere Kundenverluste wegen mangelnder Lieferfähigkeit", „höherer Verzicht auf Wertbeiträge im neuen Marktsegment" oder „weitergehende Frustration in der Organisation wegen Handlungsunfähigkeit der Führung".

Neben den Veränderungen sachlicher Art und den Konsequenzen für die Wettbewerbsstellung des Unternehmens sind auch die **wirtschaftlichen Auswirkungen auf das Unternehmen** zu beschreiben. Hier sollten die Auswirkungen auf die Gewinn- und Verlustrechnung, den Cashflow, die Verschuldung oder auf andere finanzielle Werttreiber infolge von Umsatzrückgängen durch Kundenverluste oder den Verzicht auf Wertbeiträge im neuen Segment dargestellt werden. Sofern die Maßnahme schon eingeplant war, kann hier auf die routinemäßigen Soll-Ist-Analysen und Prognosen des Controllings zurückgegriffen werden.

Zur Beschreibung der Ausgangssituation gehört aber auch die Analyse von Ursachen und bestehender Zusammenhänge bzw. Abhängigkeiten der Probleme. Die wesentlichen Einflussfaktoren auf den Erfolg der laufenden Periode können auch durch eine **Analyse der finanziellen und operativen Werttreiber** identifiziert werden. Dabei kommt es darauf an, die Wirkung der operativen Treiber (Produktqualität oder Kundenzufriedenheit) auf die finanziellen Werttreiber (z. B. Preis oder Absatz) einzuschätzen, was sich häufig nicht monetär bestimmen lässt. Mittels moderner Ansätze der Datenanalyse (Business Analytics) können für solcher Sachverhalte häufig aber evidenzbasiert Aussagen über den konkreten Zusammenhang getroffen und so nachvollziehbar gemacht werden.[46]

Auf Basis der Ergebnisse der Analyse der Ausgangssituation sind dann die möglichen Handlungsalternativen abzuleiten.

3.4 Handlungsmöglichkeiten

Eine Gefahr bei der Entscheidungsvorbereitung besteht darin, dass nur ein Teil der möglichen Handlungsoptionen betrachtet wird und eventuell besser zur Zielerreichung geeignete Alternativen bei der Entscheidungsfindung keine Berücksichtigung finden. Immer wieder ist zu beobachten, dass ausschließlich die aus der Vergangenheit bekannten bzw. daraus abgeleiteten ähnlichen Optionen gegenübergestellt und analysiert werden, aber das Suchen von weiteren Handlungsmöglichkeiten nicht oder nicht ausreichend vorgenommen wird.

Ein zwingend zu behandelnder Bestandteil der Entscheidungsvorbereitung sollte in Konsequenz sein, dass geprüft wird, ob im Vorfeld bereits aktiv und im geeigneten Maße umfänglich nach zusätzlichen Handlungsmöglichkeiten gesucht wurde. Um Entscheidungsvorbereitern die Suche nach weiteren Optionen zu erleichtern, sollte eine standardisierte Systematik zur Findung von Handlungsoptionen etabliert werden (s. Abb. 2).

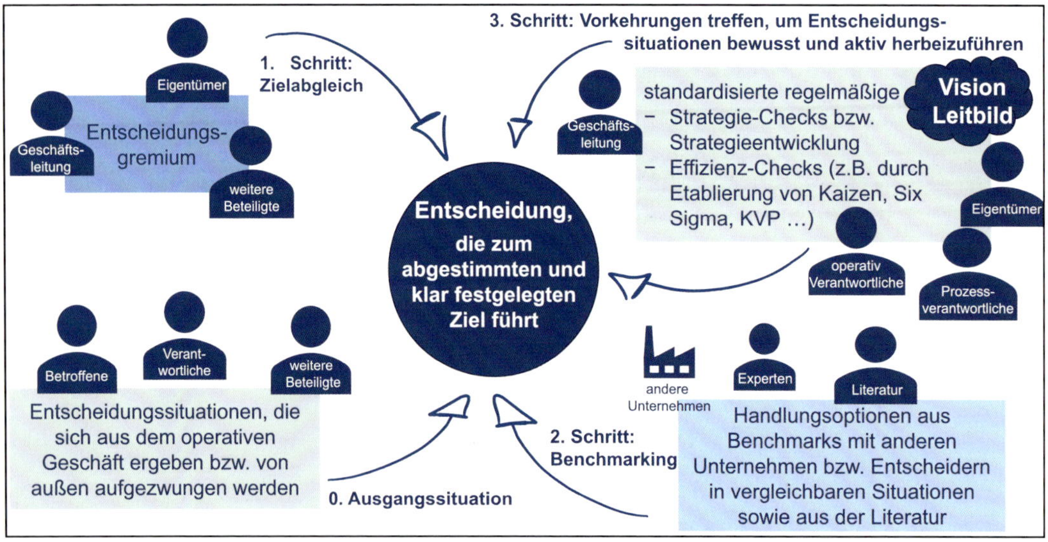

Abb. 2: Etablierung einer standardisierten Systematik zur Suche nach Handlungsoptionen

[46] Vgl. Seiter, 2017, S. 70ff.

In Abb. 2 ist links unten die Ausgangssituation aufgeführt, die zeigt, dass Unternehmen durch operative Begebenheiten passiv in Entscheidungssituationen kommen. Auch von außen können Unternehmen Entscheidungen aufgezwungen werden. Dies kann z.B. durch gesetzliche Vorgaben, den Wettbewerb, Marktveränderungen oder einen Stakeholder erfolgen. In einer aufgedrängten Entscheidungssituation kann der Blick, bedingt durch den äußeren Druck, eingeengt sein. Hinzu kommt, dass häufig das zu erreichende Ziel nicht klar formuliert ist. Als erster Schritt sollte deshalb gewährleistet sein, dass das zu erreichende Ziel unter den an der Entscheidung beteiligten Personen abgeglichen und fokussiert ist. Schon in der Diskussion um das zu erreichende Ziel wird der Blick zumeist geweitet und zusätzliche Handlungsoptionen können sichtbar werden.

Im zweiten Schritt sollte gezielt nach weiteren Handlungsmöglichkeiten gesucht werden. Durch Benchmarks können Anregungen für weitere Optionen generiert werden. Zum Beispiel können die Erfahrungen aus ähnlichen Entscheidungssituationen innerhalb des Unternehmens Ideengeber für weitere Handlungsoptionen sein. Vielleicht wurden die Erfahrungen sogar systematisch z.B. in vorherigen Entscheidungsvorlagen dokumentiert, auf die zurückgegriffen werden kann. Es kann sich auch der Blick nach außen auf andere Unternehmen lohnen, die ähnliche Entscheidungssituationen erlebt haben. Literatur- bzw. Online-Recherchen ermöglichen das Aufzeigen weiterer Optionen.

Manchmal zeigt sich, dass einzelne, etablierte Optionen sehr dominant sind und die weitere Suche zu stark einschränken. Dann kann es sich lohnen, den sogenannten „Vanishing Option“-Test durchzuführen. Dabei wird die dominante Option temporär eliminiert, sodass alternative Optionen stärker in den Fokus rücken können.

Die schlechtesten Entscheidungen sind in der Regel jene, die erst gar nicht getroffen werden. Man gibt dabei die Gelegenheit aus der Hand, zukünftige Entwicklungen nach den eigenen Vorstellungen aktiv zu beeinflussen. Um dies zu verhindern und seltener von Entscheidungssituationen überrascht zu werden, wird ein dritter Schritt vorgeschlagen. Durch die Etablierung von geeigneten Prozessen sollte regelmäßig geprüft werden, ob eine Entscheidungssituation vorliegt und eine alternative Handlungsmöglichkeit zum „Weiter wie bisher“ existiert. Zum Beispiel können durch eine regelmäßige Weiterentwicklung der Strategie, bewusst und stetig strategische Handlungsoptionen erarbeitet werden. Mit der Etablierung von Prozessen zur laufenden Optimierung der Effizienz (z.B. durch die Einführung von Kaizen) sollte sich regelmäßig der Bedarf an operativen Entscheidungen aufzeigen.

Beispiel: Bedarf des Aufzeigens von zusätzlichen Handlungsoptionen im Entscheidungsprozess erkennen

In einem mittelständischen produzierenden Unternehmen steht aufgrund immer öfter auftretender ungeplanter Stillstandszeiten in der Fertigung die Entscheidung an, größere Teile des Maschinenparks zu erneuern. Die potenzielle Investitionssumme beträgt 15 bis 25 % des Jahresumsatzes, es handelt sich somit um ein für das Unternehmen sehr bedeutendes Vorhaben. Zu entscheiden ist, ob die alten Maschinen generalüberholt oder in neue Maschinen investiert werden sollte und falls letzteres, in welche der möglichen neuen Maschinen.

Es wird diskutiert, ob eine Kostenvergleichsrechnung als betriebswirtschaftliche Methode ausreichend ist oder die DCF-Methode Anwendung finden soll. Das Ziel ist, eine kostengünstige und zuverlässige Produktion sicherzustellen. Man entscheidet sich korrekterweise für die DCF-Methode und verliert sich in Diskussionen, welcher Abzinsungsfaktor Anwendung finden sollte. Schlussendlich verlagert sich die Diskussion darauf, ob die Investition in eine teurere Anlage, die eine noch kostengünstigere Herstellung möglich machen würde, besser sei oder ob doch die nur teilautomatisierte Anlage angeschafft werden solle, die zwar höhere Herstellungskosten zur Folge, jedoch auch eine deutlich geringere Investitionssumme abverlangt hätte.

Erst als man sich noch einmal das eigentliche Ziel (kostengünstige und zuverlässige Produktion) bewusst macht, wird erkannt, dass diese „Investitionsentscheidung" eine strategische Tragweite hat und daher umfassender betrachtet werden muss. Da die Investition einen sehr langen Zeithorizont betrifft, ist klar, dass unbedingt die langfristige Unternehmensentwicklung und damit die folgenden Fragen zuvor geklärt sein müssen: Welches Wachstum ist zu erwarten, welche Produkte sollen auf den Anlagen in 5 und evtl. in 10 Jahren produziert werden können etc.? Aus der ursprünglich vermeintlich operativen Entscheidung wird so eine strategische Entscheidung. Daher werden eine Reihe weiterer Handlungsoptionen wie z. B. eine Standortverlagerung oder eine Fremdfertigung in Erwägung gezogen.

Diese zusätzlich zu betrachtenden Optionen erhöhen die Komplexität der Entscheidungssituation deutlich, ermöglichen aber über grundsätzliche Fragestellungen nachzudenken und schlussendlich Einigkeit herzustellen.

3.5 Planung, Prognose und die zugrundeliegenden Annahmen

Nach der Festlegung der Ziele als Beurteilungsmaßstab bzw. Nebenbedingungen einer Entscheidung, der Analyse der Ausgangssituation und der Handlungsmöglichkeiten erfolgt die eigentliche Planung als Grundlage der Entscheidungsvorlage. Ergebnis der Planung ist die Festlegung der Handlungsoption, die umgesetzt werden soll.[47]

Durch die Planung werden die verschiedenen Handlungsoptionen bezüglich ihrer Zielauswirkungen sowie der damit verbundenen Chancen und Risiken bewertet und die Alternative, die am stärksten zur Zielerreichung beiträgt, identifiziert. Voraussetzungen für die Planung, die immer zukunftsgerichtet und damit mit Unsicherheiten behaftet ist, sind die Identifikation und Prognose der relevanten internen und externen Einflussfaktoren auf die Zielerreichung, z. B. interne Kapazitätsbeschränkungen oder prognostizierte Absatzmengen und -preise. Zu-

[47] Vgl. auch im Folgenden Weber/Schäffer, 2020, S. 271 ff.; Vanini et al., 2019, S. 96 ff.

künftige Ausprägungen der Einflussfaktoren müssen durch Prognosen z.B. subjektive Einschätzungen, zeitliche Fortschreibungen oder unter Verwendung eines Kausalmodells festgelegt werden.[48] Die prognostizierten Werte der Einflussfaktoren bilden dann die Planannahmen.

Bei der Festlegung und Prognose der relevanten Planannahmen in einer Entscheidungsvorlage sind die folgenden Punkte zu beachten:

1. Aus der Vielzahl möglicher Einflussfaktoren sind die relevanten Faktoren zu ermitteln. Diese ergeben sich entweder aus einer rechnerischen Zerlegung der Zielgröße oder – falls ausreichend historische Daten vorhanden sind – aus einer Sensitivitäts- bzw. Regressionsanalyse. Zu den relevanten Einflussfaktoren bei mehrperiodigen Investitions- oder Innovationsprojekten gehören häufig Annahmen über die Kapazitätsinanspruchnahme durch das Projekt und die dadurch verursachten Produktionskosten sowie Annahmen über das Marktvolumen, das Marktwachstum, den eigenen Marktanteil sowie die Preisentwicklung der produzierten Güter (s. Fallbeispiele Kap. 3.10). Im Idealfall liegt bereits eine treiberorientierte Planung im Unternehmen vor, aus der die wesentlichen Planannahmen direkt abgeleitet werden können.
2. Bei der Auswahl der relevanten Einflussfaktoren als Planannahmen besteht ein Zielkonflikt zwischen dem Grundsatz der Vollständigkeit, nach dem alle Sachverhalten mit Auswirkungen auf die Zielerreichung berücksichtigt werden sollen, und dem Grundsatz der Wesentlichkeit und Wirtschaftlichkeit. Der Controller sollte hier die Aufgabe des kritischen Counterparts übernehmen und hinterfragen, ob alle wesentlichen Einflussfaktoren auf ein Entscheidungsproblem auch in die Entscheidungsvorlage aufgenommen wurden.
3. Nach dem Grundsatz der Transparenz müssen alle wesentlichen Planannahmen und deren Prognosewerte dokumentiert und nachvollziehbar begründet werden. Dabei ergibt sich in der Unternehmenspraxis das Problem der impliziten Planannahmen. Implizite Planannahmen sind angenommene Entwicklungen von Einflussfaktoren, die hinter den explizit genannten Planannahmen stehen und eigentlich für die angenommene Zielentwicklung relevant sind. Der Controller muss implizite Planannahmen durch Nachfragen identifizieren und in explizite Annahmen transformieren.
4. Bei der Prognose der Einflussfaktoren sollte das verwendete Prognoseverfahren transparent gemacht werden. Bei der Verwendung von subjektiven Prognosen durch den Antragsteller besteht die Gefahr des Überoptimismus. Werden historische Zeitreihen fortgeschrieben, werden i.d.R. Strukturbrüche nicht erkannt und die Verwendung von Kausalmodellen birgt die Gefahr von Modellrisiken. Insgesamt sollten sowohl der Einsatz der Prognoseverfahren wie auch die prognostizierten Werte kritisch vom Controller mit dem Ziel der Rationalitätssicherung hinterfragt werden.

[48] Eine Übersicht und nähere Beschreibung von Prognoseverfahren findet sich bei Vanini et al., 2019, S. 179ff.

5. Da auch Prognosen mit hoher Unsicherheit behaftet sein können, werden für die wesentlichen Planannahmen Bandbreiten oder sogar Verteilungen abgebildet, um das Risiko einer Handlungsalternative transparent zu machen (s. hierzu auch Kap. 3.6).
6. Zudem müssen durch die Planung, die für Realisation der ausgewählten Handlungsalternative notwendigen Ressourcen (Personal, Sach- und Finanzmittel), ermittelt und dokumentiert werden.

Ergebnis der Planung ist ein Plan, der auch Gegenstand der Entscheidungsvorlage sein sollte und in Tab. 2 beispielhaft dokumentiert ist.

Elemente	**Definition**	**Frage**	**Bestimmung durch**	**Beispiel**
Ziele	angestrebtes Ergebnis und der Zeitpunkt, wann es erreicht wird	Was? Bis wann?	Entscheidung	Formalziel: Gewinn des Folgejahres Sachziel: Absatzmenge des Folgequartals
Annahmen	externe und interne Einflussgrößen auf Ziele und Zulässigkeit von Alternativen	Unter welchen Bedingungen?	Prognose	Externe Einflussgrößen: prognostizierte Nachfrage Interne Einflussgrößen: Produktionskapazitäten
Chancen und Gefahren (Risiken)	Häufigkeit oder Eintrittswahrscheinlichkeit und Umfang möglicher unsicherer Planabweichungen bei Eintritt alternativer Planannahmen	Mit welchen Chancen und Gefahren (Risiken)?	Risikoanalyse, Simulationen und Szenariorechnungen	Bestimmung der Bandbreite des möglichen Umsatzes einer Produktgruppe für das Folgejahr
Maßnahmen	Aktionen zur Erreichung der geplanten Ziele	Wie?	Entscheidung	Werbebudgets zur Erreichung der Absatzziele
Ressourcen	Personal, Sach- und Finanzmittel zur Maßnahmenrealisation	Womit?	Prognose, Entscheidung	Anzahl und Qualifikation der benötigten Mitarbeiter
Termine	Realisationszeitpunkte der Maßnahmen	Wann?	Prognose, Entscheidung	Zeitpunkt bis zur Durchführung geplanter Schulungen

Elemente	Definition	Frage	Bestimmung durch	Beispiel
Träger	Verantwortlichkeiten für die Maßnahmen und Ziele	Wer?	Prognose, Entscheidung	Vertriebsleiter für die Absatzziele
Ergebnisse	Wirkungen der Maßnahmen auf die Ziele	Welche Wirkung?	Prognose	Steigerung des Marktanteils um 10 %

Tab. 2: Planbestandteile[49]

3.6 Planungsunsicherheit sowie Chancen und Gefahren (Risiken)

Bei einer nicht sicher vorhersehbaren Zukunft sind alle Prognosen und Planungen mit Risiko behaftet, d.h. es können Planabweichungen auftreten. Wie erläutert, sind unsichere Planannahmen und die unvollständige Kenntnis der Ursache- und Wirkungszusammenhänge des Planungsansatzes Ursachen für mögliche Planabweichungen und damit für Chancen und Risiken. Die Kenntnis der mit einer unternehmerischen Entscheidung verbundenen Risiken (Einzelrisiken) und des sich daraus ergebenden Gesamtrisikoumfangs, also die Planungssicherheit, ist für die Entscheidungsfindung wesentlich. Daher sollte jede Planung um eine strukturierte Identifikation, Quantifizierung und Aggregation der mit jeder Handlungsoption verbundenen Risiken ergänzt werden.

Jeder Planwert einer Bilanz-, GuV- oder Cashflow-Position lässt sich auf bestimmte unsichere Annahmen zur zukünftigen Entwicklung des Unternehmens und seiner Umwelt zurückführen. Aus jeder dieser Planannahmen ergibt sich somit ein Risiko für das Unternehmen, wenn die Annahmen nicht in der vorhergesagten Form eintreten. Controller können zur Risikoidentifikation beitragen, indem sie **Plan-Ist-Abweichungen** sowie deren Ursachen analysieren. So werden für bestimmte Plangrößen Zeitreihen historischer Planabweichungen aufgebaut, die durch statistische Risikomaße ausgewertet werden können. Dadurch lassen sich besonders risikobehaftete Plangrößen und Bandbreiten und Verteilungen ihrer Wertentwicklung ermitteln. Durch die Ursachenanalysen können kritische Planungsprämissen (Risikofaktoren) identifiziert und analysiert werden.

Die wesentlichen Risiken werden dann in einem **Risikoinventar** priorisiert zusammengefasst. Um eine Priorisierung der Risiken vorzunehmen, wird meist im ersten Schritt eine Ersteinschätzung der Risiken anhand einer „Relevanzskala“ vorgenommen (s. Tab. 3).

[49] Modifiziert und in Anlehnung an Friedl (2013), S. 120f.; Horváth et al. (2020), S. 70.

Risiko	Risikofeld	Wirkung	Bewältigung	Relevanz
Neuer Wettbewerber	***S/M***	***U/EP***	***weitere Intensivierung des Vertriebs***	***4***
Absatzmenge	***L***	***U***	***Frühwarn- und Prognosesystem für Umsatz***	***4***
Zinsänderungen	***F***	***FBE***	***Vereinbarung Zins***	***3***
Personalkosten	***M***	***Kfix***	***Selbst tragen***	***3***
Maschinenschaden	***L***	***U***	***Redundante Auslegung***	***3***
Absatzpreisschwankung	***M***	***U***	***Selbst tragen***	***3***
Abhängigkeit von MusterAG	M	U	Vertragsgestaltung, Intensivierung des Vertriebs	2
Kalkulationsfehler	L	U/K	Organisatorische Maßnahmen	2
Haftpflichtschäden bei Kunden	L	AoE	Optimierung des Versicherungsschutzes	2
Wachstumsbedingter EKmangel	S	EP	Thesaurierung von Gewinnen	2
Übernahme Muster GmbH	F	FBE	Due Diligence	2
Fehlende Kompetenz in Musterland	S	EP	Verkauf des Geschäftsfeldes	2
Motivationsprobleme im Vertrieb	G	EP/U	stärker erfolgsabhängige Entlohnung	1

Risikofelder:
S = Strategisches R. **L** = Leistungsrisiko
M = Marktrisiko **G** = R. aus Corporate Governance
F = Finanzmarktrisiko **R** = Rechtl./gesellschaftl./polit. Risiko

Wirkung:
EP = Erfolgspotential **Kfix** = Fixe Kosten
U = Umsatz **FBE** = Finanz- u. Beteiligungsergebn.
Kvar = Variable Kosten **AoE** = Außerordentliches Ergebnis

Skala: 4 = hoch; 1 = gering

Tab. 3: Risikoinventar[50]

Anschließend müssen die Risiken quantifiziert werden, indem ihre finanziellen Auswirkungen auf die Zielgrößen der Entscheidungen durch geeignete Bewertungs- und Simulationsmodelle ermittelt werden. Für die Quantifizierung von Risiken sind einige zentrale, in Abb. 3 zusammengefassten Regeln maßgeblich.

Grundsätze der Risikoquantifizierung

Nr.	Grundsatz	Beschreibung
1	**Wahl der Wahrscheinlich-keitsverteilung**	Für jedes Risiko eine passende Wahrscheinlichkeitsverteilung wählen (z.B. Normalverteilung oder Dreiecksverteilung). Ggf. auch Kombinationen von Verteilungen
2	**Dokumentation**	Herleitung und Datengrundlage der Risikoquantifizierung begründen und dokumentieren
3	**Quantifizierung der Risiken**	Quantifiziert werden Netto-Risiken, also das „Rest-Risiko" unter Berücksichtigung der Risikobewältigungsmaßnahmen
4	**Erfassung von Veränderungen/ Schwankungen**	Nur unplanmäßige und unprognostizierbare Veränderungen/Schwankungen sind bei der Risikoquantifizierung zu erfassen (Abweichungen vom Erwartungswert)
5	**Einbindung von Informationen**	Die besten verfügbaren Informationen fließen bei der Risikoquantifizierung ein, was auch „subjektive Expertenschätzungen" sein können (deren „Schätzsicherheit" erfassbar ist – Meta-Risiko)

Abb. 3: Grundsätze der Risikoquantifizierung[51]

---

[50] Gleißner, 2019d, S. 16.
[51] Gleißner, 2017, S. 178.

Zunächst ist jedes Risiko durch eine geeignete **Wahrscheinlichkeitsverteilung** abzubilden. Hinweise zur Auswahl geeigneter Wahrscheinlichkeitsverteilungen finden sich im Anhang 1 des Leitfadens. Dabei ist jedes Risiko grundsätzlich quantifizierbar. Die Parametrisierung sollte dabei auf den besten verfügbaren Informationen basieren. Dies können auch subjektive Expertenschätzungen sein, wenn keine anderen Informationen vorliegen. Zudem können neben den unsicheren Auswirkungen eines Risikos auch dessen Eintrittswahrscheinlichkeiten durch eine Bandbreite (Wahrscheinlichkeitsverteilung) beschrieben werden. Zudem ist zu beachten, dass eine Nicht-Quantifizierung von Risiken mit finanziellen Auswirkungen gar nicht möglich ist. Berücksichtigt man nämlich ein Risiko bei der Quantifizierung und damit auch bei der Risikoaggregation nicht, bedeutet dies, dass es implizit mit der Schadenshöhe und der Eintrittswahrscheinlichkeit von Null quantifiziert wurde, was i.d.R. nicht sachgerecht ist. Wesentlich ist dagegen, dass Transparenz über die Datenherkunft und die Grundlage der Quantifizierung besteht, d.h. es ist eine adäquate **Dokumentation** erforderlich.

Für die Quantifizierung sind dabei die sogenannten **Netto-Risiken bzw. Rest-Risiken** maßgeblich, also die Risiken unter Beachtung der im Unternehmen durchgeführten Bewältigungsmaßnahmen. Nur diese Netto-Risiken sind es, die Planabweichungen auslösen und zu bestandsgefährdenden Entwicklungen führen können.

In der Unternehmenspraxis erfolgt eine Risikoquantifizierung häufig auf der Grundlage einer **Monte Carlo-Simulation** (**MCS**). Der Einsatz einer MCS erfordert die Aufstellung eines Bewertungsmodells. Wesentliche Zusammenhänge zwischen einzelnen Planungsgrößen sowie zwischen Planungsgrößen und Prämissen bzw. Entscheidungsvariablen müssen dabei **mathematisch modelliert** werden. Der Zusammenhang zwischen diesen Größen kann durch Sensitivitäten abgebildet werden, die bei ausreichender Datenlage durch Regressionsanalysen aus historischen Zeitreihen bestimmt oder alternativ durch Experten geschätzt werden. Die MCS liefert eine repräsentative Stichprobe möglicher Ausprägungen der Zielgröße, z.B. des EBIT, als Wahrscheinlichkeitsverteilung, die dann durch statistische Kennzahlen ausgewertet und damit der Erwartungswert und das Risiko der Zielgröße sowie die Planungssicherheit ermittelt werden können.[52]

[52] Vgl. Gleißner, 2017, S. 167ff. Für Details zum Ablauf einer Monte-Carlo-Simulation s. Abschn. 8.3.

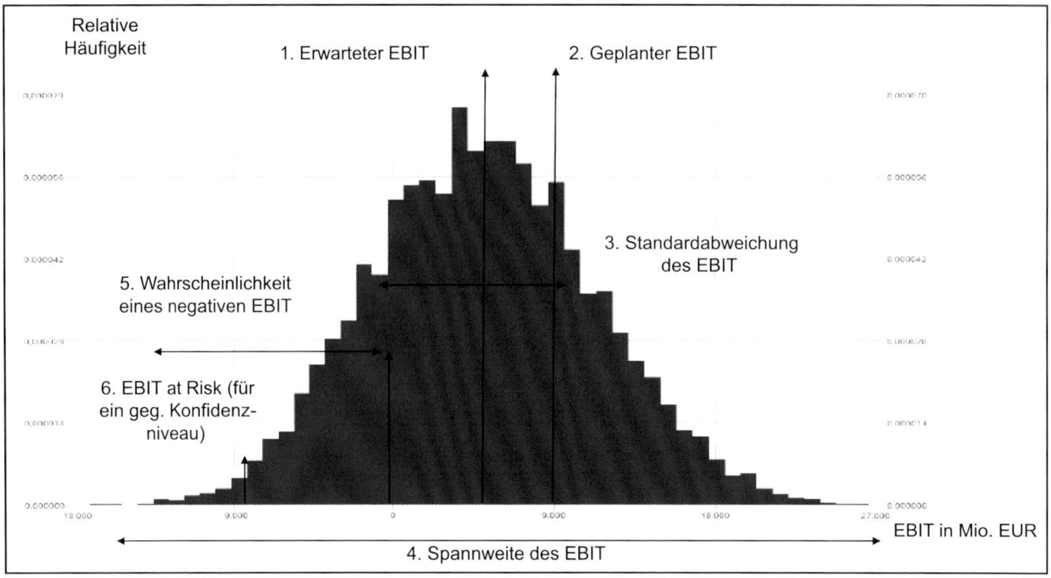

Abb. 4: Ergebnis einer Monte Carlo-Simulation des EBIT[53]

Die Berechnung von Risikomaßen ist neben der quantitativen Beschreibung von Risiken eine weitere Teilaufgabe bei der Risikoquantifizierung.[54] Die Risikomaße können sich auf Einzelrisiken (z. B. Sachanlageschäden), aber auch auf den Gesamtrisikoumfang (etwa des Gewinns) eines Unternehmens beziehen. Ein Risikomaß bildet eine Häufigkeits- oder Wahrscheinlichkeitsverteilung auf eine reelle Zahl ab. Risikomaße sind notwendig, um ein einfaches „Rechnen mit Risiken" zu ermöglichen. Sie dienen damit der Risiko- bzw. Unsicherheitstransformation. Risikomaße sind damit die „Brücke" zwischen Risikoanalyse (und **Risikoaggregation**) einerseits und der traditionellen, deterministischen (einwertigen) Zahlenwelt andererseits. Typische Risikomaße sind die Standardabweichung, der Variationskoeffizienten oder der Value-at-Risk. Die Standardabweichung ist ein typisches Maß für den Umfang der möglichen Abweichungen von einem Planwert und ist also ein Maß für die Planungssicherheit. Der Variationskoeffizient drückt den Umfang von Planabweichungen in Prozent des Planwerts aus und wird formal ermittelt, indem die Standardabweichung durch den Erwartungswert der betrachteten Größe geteilt wird. Der Value-at-Risk z. B. des Gewinns drückt aus, welcher Verlust mit einer z. B. 99 %igen Wahrscheinlichkeit innerhalb eines Jahres nicht überschritten wird. Er lässt sich interpretieren als ökonomischer Bedarf an Eigenkapital zur Verlustab-

[53] Vanini/Heise, 2017, S. 555.
[54] Vgl. Gleißner, 2017; Artzner et al., 1999; Pedersen/Satchell, 1998; Albrecht/Maurer, 2005; Brandtner, 2012.

deckung.[55] Tab. 4 zeigt beispielhaft einen Vergleich von zwei Handlungsoptionen auf der Grundlage einer MCS.

Alle Werte in Mio. EUR, wenn nicht anders angegeben	**Alternative 1 (10.000 Simulationsläufe)**	**Alternative 2 (10.000 Simulationsläufe)**
1. Ertragsmaß		
Erwarteter EBIT	5.000	6.000
2. Risikomaße		
Standardabweichung	6.000	7.000
Minimum (Worst Case)	–16.000	–18.500
Maximum (Best Case)	26.000	28.000
Spannweite	42.000	46.500
EBIT at Risk (5 %-Quantil)	–5.000	–5.500
3. Risikoadjustierte Performancemaße (Werte ohne Dimension)		
Variationskoeffizient	1,2	1,17

Tab. 4: Vergleich zweier Handlungsoptionen auf Basis ausgewählter Performance- und Risikokennzahlen

Tab. 4 ist zu entnehmen, dass Alternative 1 und 2 gemessen an den risikoadjustierten Performancemaßen ein ähnliches Risiko-Ertrags-Profil aufweisen. Allerdings wird für Alternative 1 gemessen am minimalem EBIT (Worst Case), der Standardabweichung des EBIT und dem EBIT at Risk ein geringeres Risiko eingegangen, dem jedoch auch ein geringerer erwarteter EBIT und eine geringere Chance (gemessen als Best-Case-Abweichung zum Planwert) gegenüberstehen. Der Entscheider muss jetzt prüfen, ob er das Risiko eingehen kann (Risikotragfähigkeitsprüfung) und will.

Das Entscheidungsproblem kann man damit gedanklich in zwei Schritte aufteilen: zunächst wird beurteilt, ob die Erhöhung des Gesamtrisikoumfangs bei Durchführung einer Handlungsoption in Anbetracht des vorhandenen Risikodeckungspotenzials (Eigenkapital und Liquiditätsreserve) akzeptabel ist. Es ist insbesondere zu prüfen, ob sich dadurch eine „bestandsgefährdende Entwicklung" für das Unternehmen ergibt (Anforderungen gemäß § 91 AktG / § 1 StaRUG). Nur die Handlungsoptionen, die diese Nebenbedingungen erfüllen, müssen anschließend im Hinblick auf das Ertrag-Risiko-Profil beurteilt werden. Da hier im Allgemeinen Ertrag gegen Risiko abgewogen werden muss, ist die Verwendung eines risikoadjustierten Performancemaßes hilfreich. Der im Fallbeispiel berechnete Wertbeitrag basiert auf dem erwarteten EBIT und einem gewählten Risikomaß, wie z.B. der Standard-

[55] Weitere Informationen zu möglichen Risikomaßen finden sich im Abschn. 8.5.

abweichung. Möchte man den Kapitalwert als Entscheidungskriterium verwenden, ist das gewählte Risikomaß in einen risikoadäquaten Diskontierungszinssatz (Kapitalkostensatz) umzurechnen – mehr Risiko führt zu einer höheren Anforderung an die Rendite und damit den Diskontierungszinssatz (s. Anhang 6).

3.7 Risikotragfähigkeit und Risikotoleranz

Ein wesentlicher Aspekt im Zusammenspiel von Risikomanagement und Controlling ist die Bestimmung der Risikotragfähigkeit. Risikotragfähigkeitskonzepte messen durch eine geeignete Kennzahl den Abstand der aktuellen Unternehmenssituation zu dem Punkt, den man als „bestandsgefährdende Entwicklung" auffassen kann (in Euro oder alternativ auch/ergänzend z.B. in Prozent des EBITDA).

Sie dienen damit der Erfüllung einer gesetzlich geforderten Kernaufgabe des Risikomanagements gemäß § 91 AktG, nämlich „bestandsgefährdende Entwicklungen" früh zu erkennen. Im IDW PS 981 zur freiwilligen Prüfung von Risikomanagementsystemen von März 2017 werden sie daher auch als Anforderung definiert. Darin wird die Formulierung einer Risikostrategie gefordert, die insbesondere Aussagen trifft zu

- Risikotragfähigkeit: maximales Risikoausmaß, welches das Unternehmen ohne Gefährdung seines Fortbestands tragen kann,
- Risikotoleranz: maximal tolerierte Abweichung in Bezug auf die angestrebte Zielsetzung,
- Risikoappetit: grundsätzliche Bereitschaft, zur Erreichung angestrebter Ziele und Wertsteigerungen damit verbundene Risiken einzugehen.

Auch in der Neufassung des IDW PS 340 aus dem Jahr 2020 wird ein unternehmensindividuelles Risikotragfähigkeitskonzept als Pflichtbestandteil eines Risikofrüherkennungssystems explizit gefordert. Es wird dabei auch auf die Notwendigkeit verwiesen, sich mit den Themen Liquidität und Covenants auseinanderzusetzen.

Risikotragfähigkeitskonzepte sind aber vor allem auch ein zentrales Element der Unternehmenssteuerung. Jedes Unternehmen ist einer Bestandsbedrohung ausgesetzt, da für jedes Unternehmen Risikoszenarien denkbar sind, die die Risikotragfähigkeit überstrapazieren. Es sind i.d.R. nicht einzelne Risiken, die zu einer Bestandsgefährdung führen, sondern irgendeine Kombination bestehender Risiken (was die Risikoaggregation zu der Kernaufgabe des Risikomanagements macht). Es ist damit zu analysieren, wie groß der „Grad der Bestandsbedrohung" des Unternehmens ist bzw. wie sich dieser durch wesentliche unternehmerische Entscheidungen ändert.

Viele Unternehmen hoher Bonität haben einen so hohen Abstand zu dem „kritischen Punkt" der Bestandsgefährdung, dass diese für die Unternehmenssteuerung ergänzend einen zweiten Schwellenwert betrachten, bezüglich dessen die Risikotoleranz gemessen wird. Für manche Unternehmen bester Bonität ist diese Schwelle z.B. der Investmentgrade (BBB-). Untersucht wird entsprechend, welche negativen EBIT-Auswirkungen maximal zu verkraften wären (durch Risiken), bevor der Investmentgrade verloren geht.[56] Für ein typisches mittelständisches Unternehmen mag dagegen die Risikotoleranz in Bezug auf die Schwelle des „BB-Ratings“ geschätzt werden.

Zusammenfassend kann man damit folgende Begriffsverständnisse festhalten:

1. Die Risikotragfähigkeit misst den Abstand des aktuellen „Status quo“ zu dem Punkt, der als „bestandsgefährdende Entwicklung“ im Sinne § 91 Abs. 2 AktG angesehen werden muss (z.B. also bis zum Verlust eines B-Ratings oder der Verletzung von Covenants).
2. Die Risikotoleranz misst den Abstand des aktuellen „Status quo“ zu (anspruchsvolleren) Anforderungen an ein von dem Unternehmen gewünschtes Mindestrating, z.B. „Sicherung des Investmentgrade-Ratings“ (BBB-).
3. Der Risikoappetit (A) als Umfang möglicher (negativer) Planabweichungen, die im üblichen Geschäftsablauf als akzeptabel angesehen werden (und z.B. innerhalb von 5 Jahren höchstens einmal überschritten werden) – wobei bei derartigen Planabweichungen nicht einmal unbedingt Verluste auftreten müssen. Der Risikoappetit (B) als Anforderung an einen zusätzlichen Ertrag pro Einheit zusätzlichen Risikos (gemessen durch ein gewähltes Risikomaß) und damit Ausdruck von Mindestanforderungen aus Ertrag-Risiko-Profil von Investitionsmöglichkeiten oder Projekte.

Speziell für den Risikoappetit findet man also zwei durchaus unterschiedliche Interpretationsweisen. Die Version 3A betrachtet lediglich den Risikoumfang. Gerade bei börsennotierten Gesellschaften kann man diese Auffassung des Risikoappetits auch verknüpfen mit der Einhaltung anderer, gegenüber den Aktionären kommunizierter Ziele, wie

- „keine Gewinnwarnung notwendig“,
- „prognostizierte Dividende kann tatsächlich ausgeschüttet werden“.

Version 3B drückt dagegen aus, dass zusätzliche Risiken immer genau dann akzeptabel sind, wenn diesen adäquate, zusätzliche Erträge gegenüberstehen. Dieses Verständnis des Risikoappetits als Aussage darüber, wie erwartete Erträge und Risiken gegeneinander abgewogen sind, korrespondiert unmittelbar mit dem Konzept der risikogerechten Bewertung von Handlungsalternativen.

Risikotragfähigkeit und Risikotoleranz nehmen keinen Bezug zum tatsächlichen Risikoumfang des Unternehmens. Ob überhaupt so viele Risiken vorhanden sind, um eine Schwelle zu reißen, ist hier irrelevant. Dies ist aber natürlich eine nützliche Information. Entsprechend sollte man neben diesen absoluten Schwellenwerten auch mittels einer Monte-Carlo-Simulation bestimmen, wie wahrscheinlich es denn überhaupt ist, die gesetzten Schwellen zu überschreiten.

[56] Vgl. Gleißner et al., 2011, S. 9.

	Status quo		**Inkl. Maßnahme**	
	Abstand	Wahrscheinlichkeit Verletzung	Abstand	Wahrscheinlichkeit Verletzung
Risikotragfähigkeit	500 Mio. EUR	1 %	350 Mio. EUR	2,5 %
Risikotoleranz	80 Mio. EUR	8 %	40 Mio. EUR	10 %

Tab. 5: Beispielhafte Auswertung zu Risikotragfähigkeit und Risikotoleranz

In dem vorliegenden Beispiel in Tab. 5 würde sich das Unternehmen einen Risikoeinschlag bis zu 80 Mio. EUR erlauben können, ohne das gesteckte Risikotoleranz-Ziel zu verletzen. Die Wahrscheinlichkeit, dies zu überschreiten, liegt bei 8 %. Um in eine bestandsbedrohende Entwicklung zu geraten, also die Risikotragfähigkeit zu überschreiten, müsste schon ein Risikoeinschlag von über 500 Mio. EUR kommen. Die Wahrscheinlichkeit hierfür liegt bei lediglich 1 %.

In Tab. 5 ist auch bereits dargestellt, dass sich durch Entscheidungen der Unternehmensführung diese Werte natürlich ändern können. Inklusive einer untersuchten Maßnahme, bspw. ein zusätzliches Projekt, sinken sowohl Risikotragfähigkeit als auch Risikotoleranz spürbar ab auf 350 Mio. EUR bzw. 40 Mio. EUR, und die Wahrscheinlichkeiten, diese Schwellen zu überschreiten, liegen dann bei 2,5 % bzw. 10 %. Durch die Maßnahme erhöht sich also das Gesamtrisiko. Daraus kann aber noch keine Schlussfolgerung gezogen werden, ob die Maßnahme sinnvoll ist oder nicht. Hierzu würde auch noch die Information gehören, welcher Ertrag denn mit und ohne Projekt zu erwarten ist.

3.8 Beurteilung und Bewertung

Wie oben am Fallbeispiel bereits angesprochen, ist eine Beurteilung von Handlungsoptionen erforderlich, die deren Auswirkungen auf das erwartete Ergebnis (Cashflow, Ertrag) einerseits und den Risikoumfang andererseits, berücksichtigt. Ganz allgemein benötigt man also ein risikoadjustiertes Performancemaß, das ein Abwägen von erwarteten Ergebnisauswirkungen und Risikoauswirkungen ermöglicht. Dieses ist die Messgröße für die Zielerreichung (s. Kap. 3.2).

Ein risikoadjustiertes Performancemaß, das so konstruiert ist, ist der modellbasierte Unternehmenswert. Er ist das Entscheidungskriterium speziell im Rahmen der sogenannten wertorientierten Unternehmensführung. Er ist Ausdruck für das Rendite-Risiko-Profil von Handlungsoptionen. Anstelle der Berechnung des Werts eines Unternehmens als Ganzes, kann auch der Wert eines Auftrags, einer Investition oder eines Forschungsprojektes bestimmt werden. Bei der Bewertung eines Unternehmens in Abhängigkeit von (strategischen) Handlungsoptionen spricht man von einer Strategiebewertung.

Will man die Positionierung eines Projekts oder Unternehmens aus dem Rendite-Risiko-Diagramm durch eine Kennzahl ausdrücken, gelangt man unmittelbar zu den risikoadjustierten Performancemaßen. Ein Performancemaß ergibt sich durch die Kombination des Erwartungswerts des Ergebnisses, z. B. des Gewinns, mit einem zugehörigen Risikomaß. Ein Performancemaß ist betriebswirtschaftlich ein Erfolgsmaßstab. Eine positive Ausprägung des Performancemaßes drückt aus, dass der Erwartungswert des Ergebnisses höher ist als die aus dem Risikoumfang abgeleitete Mindestanforderung an das erwartete Ergebnis – und so Wert geschaffen wird. Solche Performancemaße sind daher Kennzahlen, die sich aus der Kombination (operationalisiert durch eine Funktion f) des erwarteten Ergebnisses *E(X)*, z. B. erwarteter Gewinn, mit einem geeigneten Risikomaß *R(X)*, wie Standardabweichung oder Value at Risk, ergeben. Das Risikomaß zeigt dabei den Umfang möglicher Planabweichungen.

$$P^{ea}(X) = f(E(X), R(X))$$

Exkurs: Fallbeispiel zur Bewertung von drei Handlungsoptionen

Im Beispiel werden drei verschiedene Handlungsoptionen betrachtet. In Tab. 6 ist jeweils die Startinvestition

$$I_i$$

der Erwartungswert der Rückzahlung am Projektende (nach einem Jahr)

$$CF_i^e = E(CF_i)$$

und die Standardabweichung dieses Rückflusses als Risikomaß angegeben.

Bestimmt wird der Wert der Handlungsalternativen, also der verschiedenen Projekte, der als Performancemaß (risikoadjustiertes) und Entscheidungskriterium Verwendung findet. Der Wert[57] wird dabei berechnet über einen Risikoabschlag vom Erwartungswert des Rückflusses. Es gilt

$W_i = CF_i^e - \lambda \cdot R_i$, wobei das Risikomaß R hier z. B. die Standardabweichung σ ist.

Der Wert W ist hier das Performancemaß (P).

Rückfluss$_{t=1}$

[57] Oder einperiodisch: Wertbeitrag zum Unternehmenswert.

Projekt	Investment$_{t=0}$ (I)	E (CF)	σ (CF)	Netto-Wert	Netto-Wert in % (I)
P1	100	120	40	10	10 %
P2	200	260	180	15	7,5 %
P3	500	580	100	55	11 %

Tab. 6: Netto-Kapitalwert von 3 Projekten

$$W = E(CF) - \lambda \cdot \sigma(CF) - I_0$$

Die Größe ist dabei der Preis pro Einheit Risiko und kann als Ausdruck der Risikoaversion angesehen werden. Im Beispiel wird von einem typischen Wert ausgegangen.[58]

Unter **Strategiebewertung** versteht man speziell die Anwendung von (Unternehmens-)Bewertungsmethoden zur Vorbereitung unternehmerischer und speziell strategischer Entscheidungen. Die Bewertungsergebnisse fließen in Entscheidungsvorlagen für Vorstand, Geschäftsführung bzw. Aufsichtsrat ein. Ihr Vorteil besteht darin, dass der transparent und modellbasiert berechnete Wert ein Entscheidungskriterium (Performancemaß) ist, das

- erwartete Höhe,
- Zeitpunkt und
- Risiko

der durch die zu beurteilenden Strategien (strategische Handlungsoptionen) generierten Cashflows oder Erträgen in einer Kenngröße erfasst.

Im wertorientierten strategischen Management nutzt man den Unternehmenswert als wesentliches Performancemaß und damit als Zielgröße und Entscheidungskriterium.[59] Der Unternehmenswert wird hier verstanden als der sichere Geldbetrag, der für die Eigentümer des Unternehmens in einer zu definierenden Weise äquivalent ist zu den unsicheren Erträgen, die diesem aus dem Unternehmen zufließen. Er ist abhängig von (1) erwarteter Höhe, (2) Zeitpunkt und (3) Risiko der Zahlungen, die dem Eigentümer zufließen (können). Der Unternehmenswert ist damit ein Maßstab für das Ertrag-Risiko-Profil sämtlicher zukünftiger Zahlungen (Erträge) und drückt die Zielerreichung aus (s. Kap. 3.2).

[58] Die Größe λ lässt sich aus dem Rendite-Risiko-Profil von Alternativinvestitionsmöglichkeiten herleiten (s. Abschn. 8.5 und Dorfleitner/Gleißner, 2018). Ein λ von 0,25 drückt aus, dass man bei den Alternativinvestitionsmöglichkeiten – z. B. Kauf von Staatsanleihen oder Aktien – mit 0,25 % mehr Rendite pro Einheit Risiko rechnen kann. Diese Größe von λ zeigt die empirische Kapitalmarktforschung.

[59] Nachfolgend in enger Anlehnung an Gleißner, 2019a, S. 38 ff.

Es gibt verschiedene Verfahren der Unternehmens- und damit der Strategiebewertung.[60] Häufig werden in der Unternehmenspraxis Discounted-Cashflow-Verfahren (DCF-Verfahren) verwendet:

Zur Bestimmung des Werts W einer unsicheren Zahlung zum Zeitpunkt t wird diese zunächst durch ihren Erwartungswert beschrieben. Dann wird dieser Erwartungswert mit einem als sicher betrachteten Kapitalkostensatz k diskontiert:[61]

$$W(\tilde{Z}_t) = \frac{E(\tilde{Z}_t)}{(1 + k)^t}$$

Kapitalkosten sind als Diskontierungs- oder Kapitalisierungszinssatz für alle zukünftig erwarteten Erträge oder Cashflows ein Treiber des Unternehmenswerts.[62] Der (sichere) Wert eines Unternehmens oder einer Investition zum Zeitpunkt t = 0 ergibt sich als Summe der mit diesen risikoadäquaten Kapitalkostensätzen k abgezinsten zukünftig erwarteten Zahlungen, die den Eigentümern zufließen (Equity-Bewertung).[63] Damit entspricht der Unternehmenswert im Wesentlichen dem Kapitalwert einer Investition.[64]

$$W_0(\tilde{Z}) = \sum_{t=1}^{\infty} \frac{E(\tilde{Z}_t)}{(1 + k)^t}$$

Der bisher übliche Weg zur Bestimmung der Kapitalkosten und hier speziell der Eigenkapitalkosten ist die Anwendung des Capital Asset Pricing Modells (CAPM).[65] Das CAPM ist ein konsistentes und logisches Modell, um basierend auf getroffenen Annahmen erwartete Renditen und damit Kapitalkosten abzuleiten.[66] Allerdings basiert es auf den Annahmen der neoklassischen Welt vollkommener Kapitalmärkte und unterstellt, dass beispielsweise keine Transaktionskosten existieren, alle Marktteilnehmer vollkommen rational agieren und Finanzierungsrestriktionen nicht existieren.

Wesentlich ist, dass der Unternehmenswert nur dann ein geeignetes Performancemaß und Grundlage einer unternehmerischen Entscheidung darstellt, wenn die Risiken adäquat berücksichtigt sind. Es ist also zu gewährleisten, dass unter Berücksichtigung

[60] Vgl. Ballwieser, 2010, S. 63 ff.

[61] Vgl. Spremann, 2004; Dorfleitner/Gleißner, 2018.

[62] Vgl. zu Grundlagen der Unternehmensbewertung Ballwieser/Hachmeister, 2016; Hering, 2014; Peemöller, 2019 sowie Matschke/Brösel, 2013, speziell zu „Entscheidungswerte".

[63] Zahlungen und Kapitalkosten sind dabei konsistent entweder vor oder nach Steuern (Unternehmenssteuern und ggf. persönliche Steuern der Eigentümer) zu betrachten.

[64] Hier werden vereinfachend konstante Kapitalkosten angesetzt und von negativen Zahlungen abstrahiert. Vgl. Spremann, 2004, S. 253 ff. Alternativ kann der Wert als mit dem risikolosen Zins diskontierte Summe der Sicherheitsäquivalente bestimmt werden.

[65] Vgl. z. B. die Empfehlung im Bewertungsstandard IDW S 1.

[66] Das Capital Asset Pricing Modell (CAPM) ist ein Einperioden-Modell und damit stimmen die erwarteten Renditen und die Kapitalkosten grundsätzlich überein.

von Chancen und Gefahren (Risiken) erwartungstreue Planwerte der Cashflows oder Erträge im Zähler stehen und der Umfang der Ertragsrisiken im Nenner berücksichtigt wurde.

Bei der Strategiebewertung wird entsprechend nicht nur ein Unternehmenswert bestimmt, sondern zu Vergleichszwecken alternative Unternehmenswerte in Abhängigkeit der jeweiligen strategischen Handlungsoption. Methodisch werden entsprechend subjektive Entscheidungswerte der strategischen Handlungsoptionen verglichen.

	Status quo	Handlungsoption: „Strategie 202X "	
Ertrag (erwartet)	16	18,5	deutlicher Ertragsanstieg
Risiko (Variationskoeffizient Ertrag)	19 %	21 %	moderat erhöhtes Risiko
Kapitalkostensatz	5,50 %	5,70 %	
Ratingprognose (Plan)	BB+	BB+	
Rating (Stressszenario)	BB	BB-	ausreichend stabiles Rating
Wert (in Mio. EUR)	153	168	klare Wertsteigerung
Strategisches Fitting			Kompetenzen vorhanden

Tab. 7: Bewertung einer strategischen Handlungsoption (Fallbeispiel)

Grundsätzlich kann eine Strategiebewertung bei allen strategischen Entscheidungen vorgenommen werden. Typische Anwendungsfelder sind große Investitionen, Akquisitionen oder wesentliche Veränderungen der Strategie (z.B. die Beurteilung von Digitalisierungsstrategien).

Da durch eine strategische Entscheidung bewusst eine Veränderung der Zukunft des Unternehmens (speziell auch seiner Chancen und Risiken) erreicht werden soll, ist ein zentrales Charakteristikum der Strategiebewertung der konsequente Zukunftsbezug. Bei der Strategiebewertung ist also sicherzustellen, dass Erwartungswerte der Zielgrößen z.B. Cashflows in das Bewertungsmodell einfließen. Erwartungswerte sind Prognosen, die „im Mittel" realisierbar sind und daher unter Beachtung der Chancen und Risiken zu berechnen sind. Die Umrechnung einer meist auch für Zielvorgaben und strategischen Steuerung erzeugten Planung in „erwartungstreue Planwerte" ist von grundlegender Bedeutung, um nicht durch „ambitionierte Planwerte", wie man sie häufig in Planungen findet, eine zu positive Beurteilung einer strategischen Handlungsoption zu erreichen. Am besten erfolgt die Berechnung von Erwartungswerten über eine Risikosimulation (Risikoaggregation).

Als nächstes muss die Risikoadjustierung der Erwartungswerte erfolgen. Dies erfolgt bevorzugt durch einen Risikoabschlag, d.h. die Berechnung eines sogenannten Sicherheitsäquivalents, welches vom aggregierten Risikoumfang abhängt. Die Brücke vom aggregierten Gesamtrisikoumfang zum Kapitalwert als Performancemaß sind die Kapitalkosten (oder Sicherheitsäquivalente). Im Gegensatz zur traditionellen „kapitalmarktorientierten" Bewertung können die Kapitalkosten bei einer Bandbreitenplanung unmittelbar aus dem Ertragsrisiko und nicht aus historischen Aktienrendite-Schwankungen hergeleitet werden.[67] Ein solcher, oft vereinfachend als konstant angenommener Diskontierungszinssatz kann z.B. aus der Standardabweichung des Ertrags als Risikomaß abgeleitet werden.

Nachdem die Unternehmensrisiken quantifiziert und aggregiert wurden, müssen das Rendite-Risiko-Profil der Entscheidungsalternativen berechnet und die Umsetzung des Risikoappetits sowie die Sicherstellung der Risikotragfähigkeit überprüft werden.

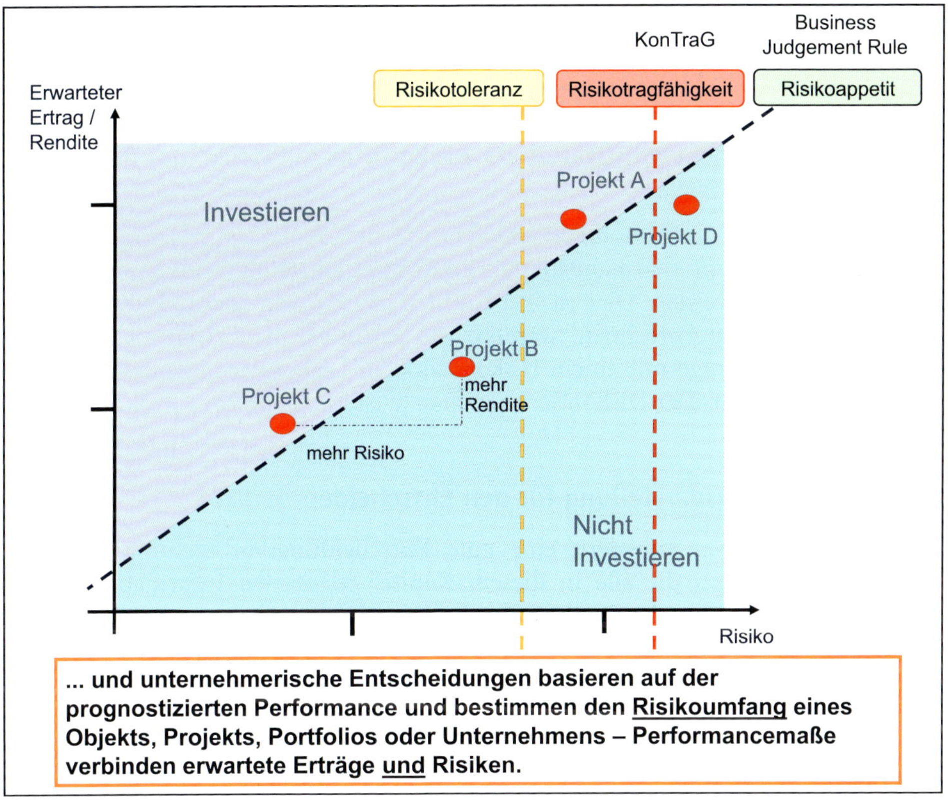

Abb. 5: Ertrag und Risiko abwägen[68]

Abb. 5 zeigt, dass bei der Beurteilung von Handlungsoptionen bei einer Entscheidung unter Unsicherheit zwei Kriterien zu berücksichtigen sind:

[67] Wie üblicherweise beim Beta-Faktor des CAPM; vgl. Gleißner, 2014, S. 151 ff.
[68] Gleißner, 2019a, S. 39.

1. Dazu zählen Nebenbedingungen, die zu erfüllen sind und damit quasi wie ein „K.O.-Kriterium" wirken. Diese Nebenbedingungen sind Obergrenzen für den akzeptierten Risikoumfang, wie z. B. die Risikotragfähigkeit.[69]
2. Als zweites gibt es eine Ziel-Größe, ein Performancemaß oder Entscheidungskriterium, das optimiert werden soll wie z. B. der Risikoappetit als Verhältnis zwischen erwartetem Ertrag und eingegangenem Risiko.

Durch die Identifikation, quantitative Beschreibung und Aggregation der Risiken eines Projekts kann der Gesamtrisikoumfang, z. B. ausgedrückt im Eigenkapitalbedarf („at Risk"-Wert), den erwarteten Erträgen des Projekts gegenübergestellt werden. Diese Quantifizierung der Risiken ermöglicht die Überprüfung, ob der mit der Investition verbundene aggregierte Gesamtrisikoumfang vom Unternehmen getragen werden kann (Risikotragfähigkeit, abgeleitet aus Eigenkapital- und Liquiditätsreserven sowie dem Ziel-Rating). Zudem erfordert ein höherer Risikoumfang einen höheren zu erwartenden Gewinn bzw. eine höhere Rendite, d. h. die Projekte sollten ein günstiges Ertrag-Risiko-Profil aufweisen, um ihre Durchführung zu rechtfertigen.

Wie bereits erläutert, kann die Positionierung der Projekte im Rendite-Risiko-Diagramm durch ein risikoadjustiertes Performancemaß als Entscheidungskriterium ausgedrückt werden. Dies ist insbesondere der Projekt- oder Unternehmenswert. Um diesen zu berechnen, werden, wie erläutert, die Erwartungswerte der Cashflows oder Erträge mit einem risikoadäquaten Diskontierungszinssatz auf die Gegenwart abgezinst. Der Diskontierungszinssatz ist abhängig vom Risikoumfang.[70]

3.9 Informationsdarstellung für den Entscheider

Gute Entscheidungen erfordern eine gute Entscheidungsvorbereitung und eine Entscheidungsvorlage, die alle in diesem Kapitel erläuterten Informationen aufweisen. Aber nicht nur die Qualität der Informationen selbst, sondern auch eine sachgerechte Informationsaufbereitung ist wichtig. Die Informationsdarstellung muss sich dabei an den Bedürfnissen der Entscheider orientieren. Selbstverständlich ist es notwendig, dass ein Entscheider die grundsätzlichen Methoden der Vorbereitung von Entscheidungen kennt. Dennoch ist es als eine wesentliche Aufgabe der Entscheidungsvorbereiter, speziell der Controller, anzusehen, die Informationen adäquat aufzubereiten und dabei möglichst wesentliche Sachverhalte auch zu visualisieren.[71]

---

[69] Vgl. Gleißner, 2018, S 10 ff.; Franken et al., 2020, S. 84 ff. sowie weiterführend die sogenannten Safety First Konzepte, z. B. von Roy, 1952; Kataoka, 1963.

[70] S. Abschn. 8.6.

[71] Vgl. z. B. Gleißner/Oertel, 2020 mit einer „Investment-Ampel" der wichtigsten Kennzahlen.

Mindestanforderungen	***Erwartete Gesamtkapitalrendite***	3,7%	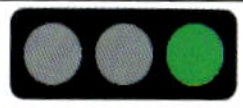
	Erwartete Eigenkapitalrendite *(nach pers. Steuern auf Gewinne)*	5,6%	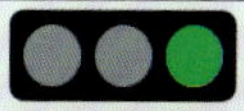
	Fremdkapital-Rating	BB+	
	Equity-Rating (Wahrscheinlichkeit EK-Rendite über 2,5%)	93,5%	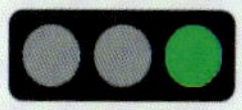
	Ertragsrisiko: Variationskoeffizient Gesamt-rückfluss der EK-Geber *(nach pers. Steuern auf Gewinne)*	12,7%	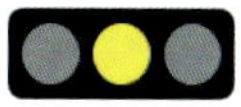
	Kapitalkostensatz (Eigenkapital)	4,3%	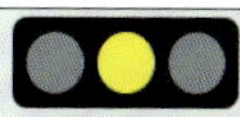
	Downside-Risiko (VaR 99%)	0,32	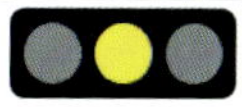
Target	***Kapitalwertrate (W/P)*** *(nach pers. Steuern auf Gewinne)*	1,17	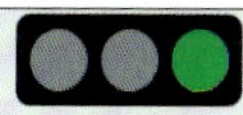

Abb. 6: Investment-Ampel[72]

Die Basis für die Entscheidungsfindung durch den bzw. die Entscheider sind also die aufbereiteten Informationen, die eine Beurteilung der angedachten Optionen ermöglichen sollen (s. Kap. 3.1). Auch wenn es selbstverständlich erscheint, wird nicht immer darauf geachtet, dass die als Entscheidungsbasis vorgelegten Informationen von den zu entscheidenden Personen auch richtig interpretiert werden können. So unterschiedlich Unternehmen und ihre Führungskräfte sein können, so unterschiedlich sind auch deren Begabungen und Fähigkeiten. Für einen Controller mögen „die Zahlen für sich sprechen", für manche Führungskräfte erzeugen Zahlenreihen oder von ihnen selten verwendete Kennzahlen wie ein „Value at Risk", ein „Internal Rate of Return" oder ein „Variationskoeffizient" nur Konfusion. Alle vorgeschriebenen und in diesem Leitfaden mit viel Akribie dargestellten Entscheidungshilfen sind unnütz, wenn die Informationen nicht in eine für den Empfänger verständliche Sprache übersetzt wird. Diese Erkenntnis ist grundlegend und auch nicht neu und trotz allem oft nicht berücksichtigt.

Zu empfehlen ist, unterschiedliche Darstellungsmethoden zu kombinieren, um so auch den differenzierten Wahrnehmungsfähigkeiten der Menschen zu entsprechen. Die Grundlage bilden die Kennzahlen, diese sollten immer vorgelegt werden. Ein Kennzahlen-Glossar (vor allem für eher selten verwendete Kennzahlen), dass eine Beschreibung der Kennzahl, bei Bedarf eine deutsche Übersetzung, eine Erklärung der Bedeutung der Kennzahl in einfachen Worten und Anwendungsfälle beinhaltet, ermöglicht den Entscheidern, in Ruhe und ohne sich einer Blöße über eine Wissenslücke aussetzen zu müssen, das notwendige Wissen nachzulesen.

[72] Gleißner/Oertel, 2020, S. 256.

Den allermeisten Menschen fällt es leicht, visuelle Informationen schnell zu erfassen. Möglichst etablierte Standards sollten zur visuellen Aufbereitung und Darstellung von Informationen Anwendung finden, um die Bedeutung der Kennzahlen visuell zu unterstreichen. Im deutschsprachigen Raum haben sich die SUCCESS-Regeln bzw. „IBCS – International Business Communication Standards" durchgesetzt.[73] Zahlenreihen, die in Liniengrafiken übersetzt sind; Benchmarks, die in Form von Säulen- oder Balkendiagrammen optisch einen schnellen Vergleich ermöglichen oder Wasserfall-Diagramme, die wesentliche Einflussparameter auf einem Blick sichtbar machen, seien hier stellvertretend für viele standardisierte Darstellungsmöglichkeiten genannt.

Multidimensionale Visualisierungen mit Sankey-Diagrammen erlauben auch Interaktionsmöglichkeiten durch z.B. Verschiebung von Dimensionen oder die Hervorhebung von Verbindungen, wodurch Optionen unter dem Einfluss von verschiedenen Parametern auch visuell erklärt werden können. Zumeist werden gegenwärtig klassische „Business Grafiken" verwendet, die mit Tabellen kombiniert werden (s. Abb. 7).

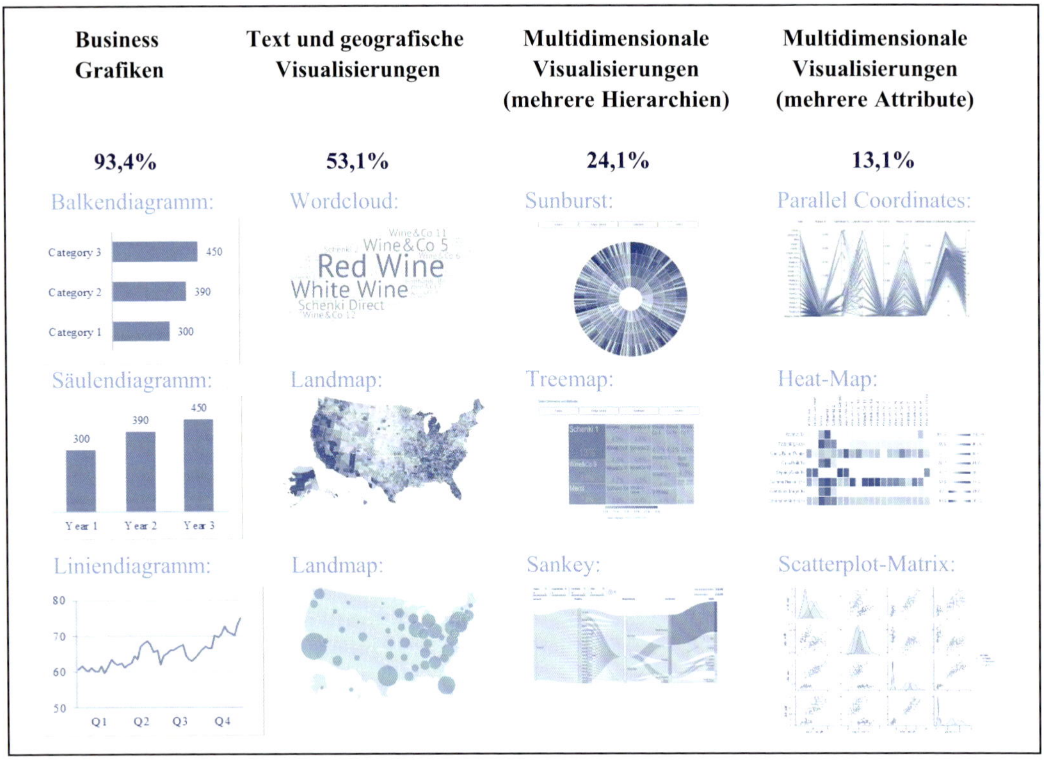

Abb. 7: Häufigkeitsverteilung unterschiedlicher Visualisierungskategorien[74]

[73] Vgl. Hichert/Faisst, 2019, S. 48ff.

[74] Losbichler et al., 2020, S. 194.

Die Gegenüberstellungen von Handlungsmöglichkeiten in Portfolios, wie z.B. das bereits zuvor im Kap. 3.8 vorgestellte Ertrags- und Risiko-Portfolio oder die klassische McKinsey-Matrix (s. Abb. 8) stellen eine weitere Visualisierungsmöglichkeit dar. Portfolios reduzieren die Komplexität von Entscheidungssituationen auf zwei (bzw. drei) zuvor festgelegte Dimensionen. Sind die Kriterien, deren Gewichtung und Berechnungsmethode zur Einsortierung der verschiedenen Optionen im Portfolio einmal vereinbart und von allen Beteiligten akzeptiert, dann kann fortan in Entscheidungssituationen streng nach dieser Methode vorgegangen werden.

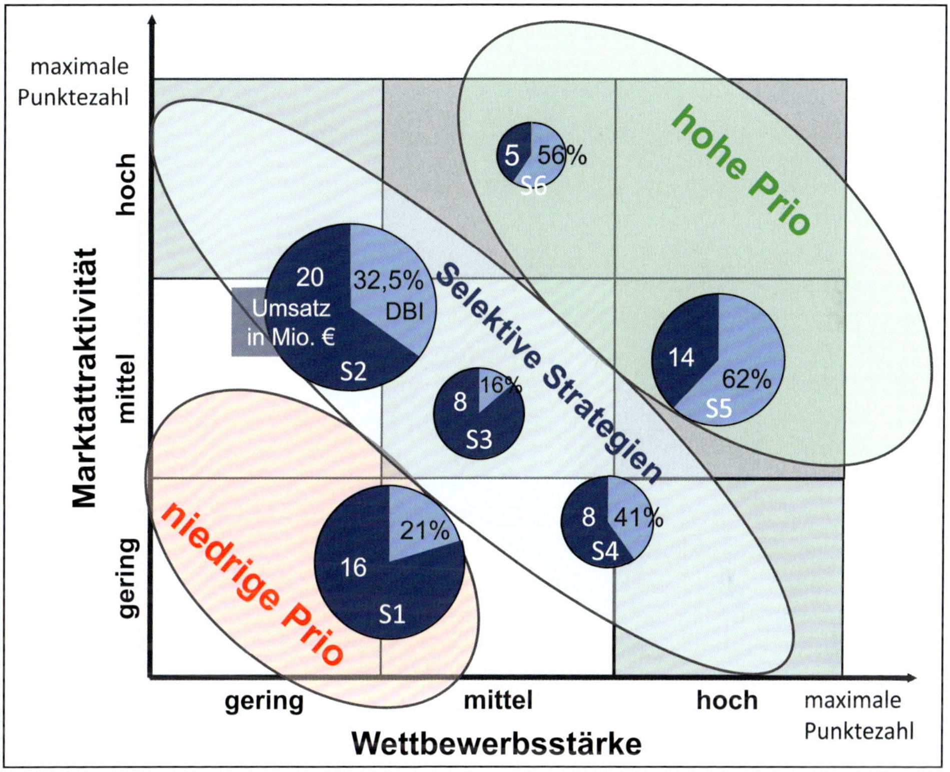

Abb. 8: McKinsey Matrix zur Priorisierung von Investitionen in Märkte[75]

Ist die Systematik für viele der wiederkehrenden Arten von Entscheidungen in Unternehmen festgelegt und das Management im Umgang mit der Aufbereitung und Visualisierung vertraut, kann davon ausgegangen werden, dass Entscheidungen sowohl effizienter als auch effektiver getroffen werden können – denn es ist davon auszugehen, dass die definierten Entscheidungsprozesse zuvor wohl durchdacht wurden.

[75] Müller-Pellet/Kottbauer, 2020, S. 173.

Neben der Informationsaufbereitung in Form von Tabellen (mit Kennzahlen) und Abbildungen empfinden viele Menschen ergänzende und erklärende Worte in Form eines schriftlich vorliegenden Prosatextes oder mündliche Erläuterungen als hilfreich. Eine Live-Erklärung ermöglicht vor allem ein Nachfragen, wodurch Missverständnisse leichter und schneller ausgeräumt werden können.

3.10 Fallbeispiel Investition

Im Folgenden werden die einzelnen Schritte des oben dargestellten Prozesses der Erstellung einer Entscheidungsvorlage am fiktiven Beispiel einer Investition durchgegangen.

Situationsbeschreibung und Analyse der Ausgangssituation

1. Stephen Stellenbosch hat ein Problem. Seit zwei Jahren leitet er den Corporate Development Center der Sparte Lighting Systems der Turbo Technology Ltd. Vor seiner Tätigkeit bei Turbo Technology war er Abteilungsleiter für die OLED-Entwicklung beim Fraunhofer Institut IPMS. IPMS forscht in Kooperation mit drei technischen Universitäten an neuen Werkstoffen zur Produktion von ultrakleinen LEDs und OLEDs, die in Microchips integriert werden können. Zusammen mit IPMS hat Turbo Technology im Reinraum von IPMS einen Chip entwickelt, der bis zu 1 Mio. einzelne Spiegel enthält, die einzeln angesteuert werden können und so Bilder in Fernsehqualität auf beliebigen Oberflächen erzeugen kann. Der Chip selbst ist nicht größer als ein Standard-Microprozessor, verspricht jedoch vielfältige Anwendungsmöglichkeiten in der Bild- und Datenprojektion oder der Lichterzeugung. Herr Stellenbosch schätzt die Technologieattraktivität derart hoch ein, dass er das Projekt „Milky Way“ initiiert hat. Intention ist es, von IPMS die Lizenzen für die Technologie des Prototyps zu erwerben und das Produkt weiterzuentwickeln. Herr Stellenbosch geht von einer Entwicklungszeit von vier Jahren bis zur Marktreife aus und hat zusammen mit seinem Controller, Stan Lubrick, erste Eckdaten zu Entwicklungs- und Fertigungskosten sowie Umsatzpotenzial zusammengetragen. Dabei ist zunächst nur geplant, dass Turbo Technology die Lichtquelle ohne zusätzliche Integration in Anwenderprodukte entwickelt. Aufgrund der schnellen Weiterentwicklung wird mit einem Marktzyklus von nur vier Jahren gerechnet. Stephan Stellenbosch weiß jedoch, dass sowohl Konkurrenzunternehmen aus der eigenen Sparte als auch Unternehmen aus der Optoelektronik an vergleichbaren Technologien arbeiten und voraussichtlich ab 2026 auf den Markt bringen. Er schätzt jedoch, dass IPMS bzw. Turbo Technology derzeit einen Entwicklungsvorsprung von einem Jahr haben.

Stephen Stellenbosch und Stan Lubrick stehen vor der Frage, ob sie das Projekt angehen sollen. Stan Lubrick beschäftigt die Frage, was wohl passiert, wenn der ehrgeizige Zeitplan nicht eingehalten werden kann und Zeitüberschreitungen in der Entwicklung auftreten.

Entscheidungskriterium für die Projektdurchführung ist die erwartete Wertschaffung des Projektes.

Darstellung der Handlungsmöglichkeiten

Eine Handlungsoption besteht in der Durchführung des Projekts „Milky Way", die Alternative liegt im Verzicht auf die Projektdurchführung.

Im Allgemeinen gibt es mehr als nur diese beiden Handlungsoptionen. Im hier betrachteten Fallbeispiel soll jedoch vereinfachend nur von genau diesen beiden Handlungsoptionen ausgegangen werden.

Planung, Prognose und Annahmen

Die Planung basiert auf folgenden Annahmen:

- Personalkosten pro Mitarbeiter F&E 85.000 EUR/MA; Inflation Personalkosten: 4 %
- Entwicklungsoverhead 40 % relativ zu den Personalkosten
- Infrastrukturkosten Entwicklung 30 %
- Maschinenkostensatz Reinraum 1.700 EUR/h
- Marktvolumen Start of Production 110.000 Stück
- Marktwachstum 2. Jahr 40 %, 3. Jahr 50 %, 4. Jahr 10 %, 5. Jahr 0 %
- Marktanteil Turbo Technology 1. Jahr 100 %, 2. Jahr 85 %, 3. Jahr 70 %, 4. Jahr 60 %, 5. Jahr 50 %
- Preis Start of Production 240 EUR/Stück
- Preis 2. Jahr 200 EUR/Stück, 3. Jahr 140 EUR/Stück, 4. Jahr 130 EUR/Stück, 5. Jahr 110 EUR/Stück
- Materialkosten in Prozent des Umsatzes: 12 %
- Kapazitätsbeanspruchung Reinraum 0,05 h pro Stück
- Verwaltungskosten 435.000 EUR, Vertriebskosten fix 135.000 EUR, Vertriebskosten variabel in Prozent des Umsatzes 5 %
- WACC 8 %[76]
- Verzögerung Projekt in Monaten: 0 Monate (Min 0; Max 12)
- Zusätzlicher Personalaufwand pro Monat 18

Für das Projekt „Milky Way" wird anhand der Angaben aus der Situationsbeschreibung sowie der o.g. Annahmen folgender Rahmenplan erstellt:

---

[76] Der hier zunächst einfach angenommene Kapitalkostensatz sollte später risikoadäquat berechnet werden. S. dazu auch Abschn. 8.6 und das Fallbeispiel einer Investitionsrechnung bei Gleißner/Meyer/Spitzner, 2021.

Jahr	22	23	24	25	26	27	28	29
F&E-Kosten:								
Personalaufwand in Mann-Jahren	15	20	25	18	0			
Personalkosten pro Mitarbeiter	85.000	88.400	91.936	95.613	0			
Reinraumbeanspruchung in h F&E	900	1.300	1.500	1.300	0			
Personalkosten absolut	1.275.000	1.768.000	2.298.400	1.721.042	0			
Entwicklungsoverhead	510.000	707.200	919.360	688.417	0			
Infrastruktur Entwicklung	382.500	530.400	689.520	516.313	0			
Kosten Reinraum	1.530.000	2.210.000	2.550.000	2.210.000	0			
Summe F&E-Kosten	**3.697.500**	**5.215.600**	**6.457.280**	**5.135.771**	**0**			
Marktvolumen				110.000	154.000	231.000	254.100	0
Marktwachstum gegenüber Vorjahr					40%	50%	10%	
Marktanteil in %				100%	85%	70%	60%	50%
Absatz in Stück				110.000	130.900	161.700	152.460	0
Preis in EUR/Stück				240	200	140	130	110
Umsatz				26.400.000	26.180.000	22.638.000	19.819.800	0
Kapazitätsbeanspruchung Reinraum in h				5.500	6.545	8.085	7.623	0
Herstellkosten des Umsatzes								
o Kosten Reinraum				9.350.000	11.126.500	13.744.500	12.959.100	0
o Materialkosten				3.168.000	3.141.600	2.716.560	2.378.376	0
Verwaltungskosten				435.000	435.000	435.000	435.000	0
Vertriebskosten				1.455.000	1.444.000	1.266.900	1.125.990	0
Betriebsergebnis				**11.992.000**	**10.032.900**	**4.475.040**	**2.921.334**	**0**
Gesamtergebnis	**-3.697.500**	**-5.215.600**	**-6.457.280**	**6.856.229**	**10.032.900**	**4.475.040**	**2.921.334**	**0**
Diskontierungsfaktor	0,926	0,857	0,794	0,735	0,681	0,630	0,583	0,540
Gesamtergebnis diskontiert	**-3.423.611**	**-4.471.536**	**-5.125.997**	**5.039.533**	**6.828.223**	**2.820.034**	**1.704.570**	**0**

Tab. 8: Projektplanung „Milky Way“

Über die übliche Kapitalwertrechnung unter Sicherheit erhält man als Netto-Barwert (Kapitalwert) 3.371.216 EUR, die Investition erwirtschaftet also eine positive Rendite. Der Barwert der Investition Beträgt 16.796.090 EUR, das entspricht dem Barwert der F&E-Kosten. Die Überrendite über den angenommenen Diskontsatz von 8 % ist 2,31 %, das entspricht der zusätzlichen Kapitalrendite p.a. Damit ist die Gesamtrendite des Projektes 10,31 %.

Risikoanalyse

Stephen Stellenbosch möchte nun wissen, worin die großen ökonomischen Risiken im Projekt liegen, um diese besser steuern zu können. Die Chancen und Risiken lassen sich so quantifizieren, dass man je Position der Kapitalwertrechnung Unsicherheitsparameter annimmt und diese dann über eine Monte-Carlo-Simulation vieltausendfach durchrechnen lässt. Am Ende kann dann ermittelt werden, welche Einflussgrößen den stärksten Einfluss auf den Kapitalwert als Zielgrößen ausüben. Stan Lubrick führt die entsprechende Analyse und Simulation des Geschäftsplans durch. Zunächst ermittelt er über die Monte-Carlo-Simulation die Verteilung der Zielgröße und verschiedene Kenngrößen, die sich daraus ableiten lassen. Abb. 9 zeigt die simulierten Barwerte der Investition. Dabei sind die kumulierten Häufigkeiten abgebildet, die auch als Wahrscheinlichkeiten interpretiert werden können. Man erkennt, dass ein positiver Kapitalwert nur in etwas mehr als 20 % der Simulationsläufe ermittelt wird. Das Risiko ist also hoch, die bisherige Kapitalwertrechnung mit einem Nettobarwert von 3,3 Mio. EUR wird bei einer um Risikofaktoren ergänzten Planung zu einem negativen erwarteten Barwert von – 4,8 Mio. EUR.

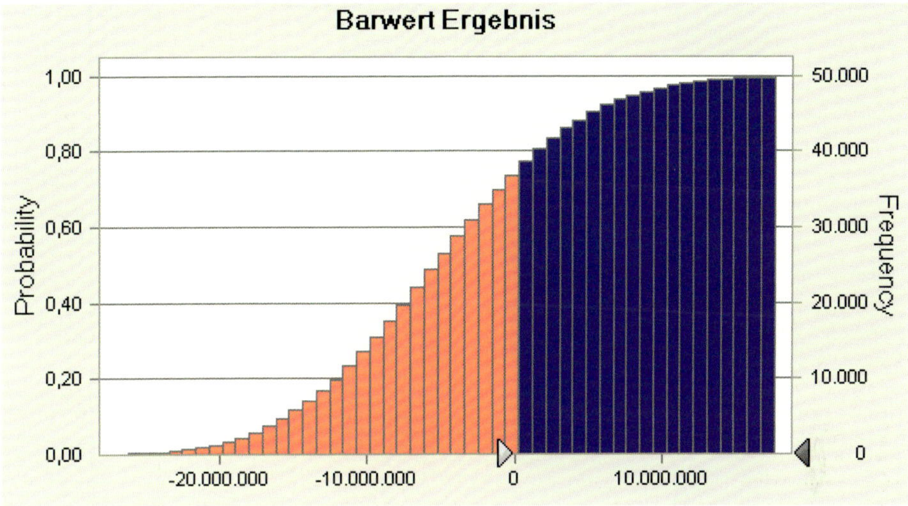

Abb. 9: Wahrscheinlichkeitsverteilung der simulierten Barwerte des Projekts „Milky Way“

Kenngröße	Ergebnis
Versuche	50.000
Mittelwert des Barwertes	–4.762.563 EUR
Median	–4.922.947 EUR
Standardabweichung	8.003.433 EUR
Varianzkoeffizient	–1,68
Minimum	–33.833.598 EUR
Maximum	+ 31.588.286 EUR

Tab. 9: Ergebnisse der Monte-Carlo-Simulation des Barwerts des Projekts „Milky Way“

Ein Tornadodiagramm veranschaulicht den quantitativen Einfluss der verschiedenen Größen auf die Zielgröße (den Nettobarwert). In Abb. 10 erkennt man, dass drei Größen einen hohen Einfluss ausüben: die Kapazitätsbeanspruchung Reinraum, das Marktvolumen zum Start der Produktion und die Verzögerung des Projektes. Stephen Stellenbosch kann auf dieser Basis überlegen, wie mit diesen Risiken so umgegangen werden kann, dass sie geringer werden und ob dadurch der erwartete Nettobarwert doch noch positiv werden kann. Weiterhin können aus den Daten Informationen abgeleitet werden, welchen finanziellen Risikopuffer das Projekt benötigt. Da das Risiko derzeit so hoch, lohnt es sich ohne weitere Maßnahmen zur Risikobegrenzung nicht, das Projekt durchzuführen.

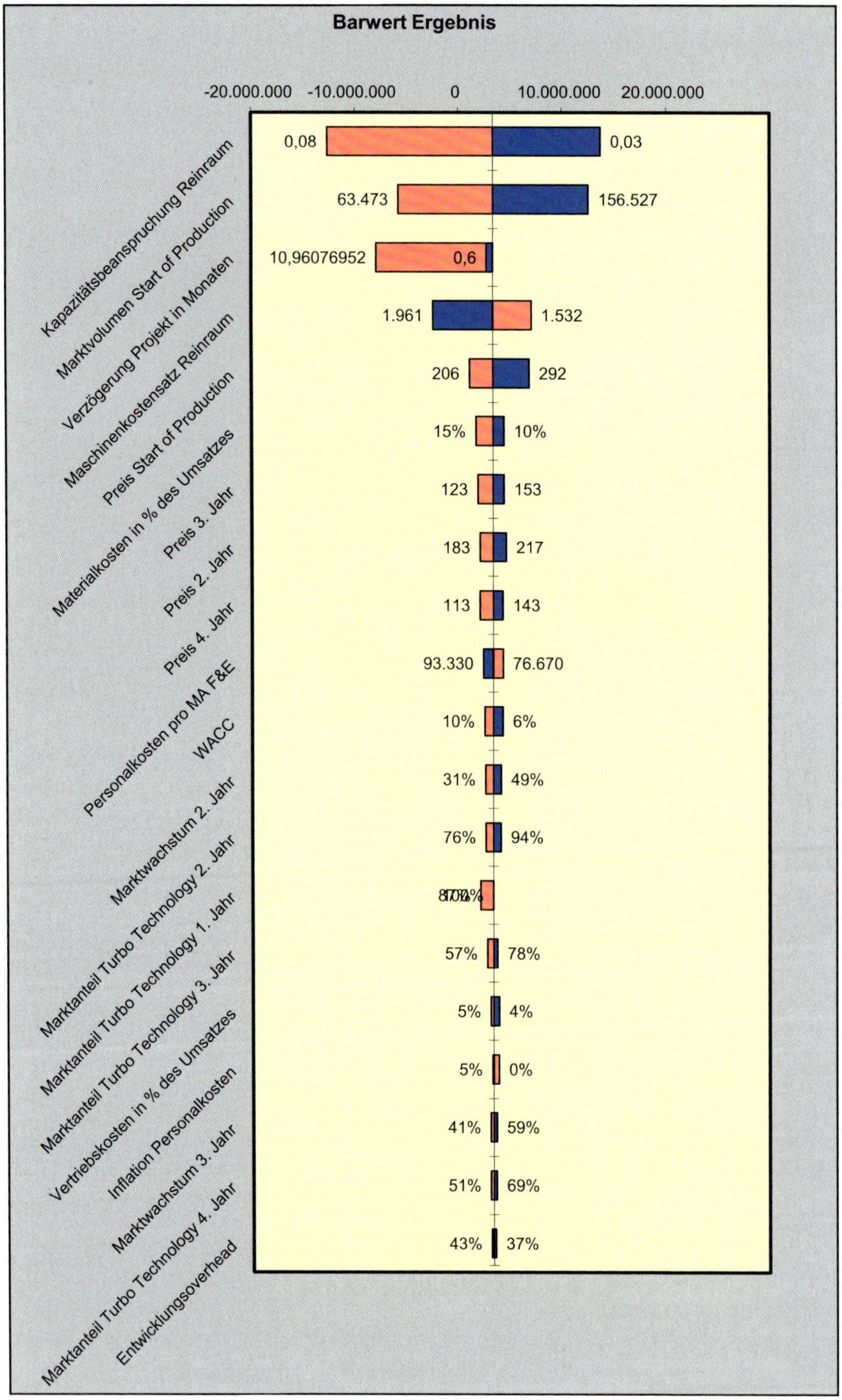

Abb. 10: Tornadodiagramm „Milky Way“

Beurteilung und Bewertung

Betrachtet man das Projekt „Milky Way“ aus der Perspektive der Wertschaffung, zeigt sich:

- Barwert (inkl. Kapitalkosten) aller F&E-Investments: 16.796.090 EUR
- Barwert (incl. Kapitalkosten) aller Betriebsergebnisse: 3.371.216 EUR
- Kapitalwertrate (= Überrendite über die Kapitalkosten hinaus): 3.371.216 EUR/ 16.796.090 EUR = 0,2007
- Kapitalwertrate p. a.

$$\sqrt[8]{(1 + 0{,}207)} = 1{,}0231$$

d.h. aus 1 EUR Investition in F&E wird zusätzlich zu den schon erwirtschafteten Kapitalkosten in Höhe von 8 % pro Jahr noch 2,31 % Rendite erzielt. Damit sind die Kapitalkosten abgedeckt, eine eventuell vorgegebene Zielrendite jedoch nur knapp erreicht.

Ergänzend zu betrachten ist nun, dass der Kapitalkostensatz von 8 % bisher nur ohne Beachtung der tatsächlichen Risiken des Projektes „vorgegeben“ war. Grundsätzlich führt jedoch ein höherer Umfang an bewertungsrelevanten Risiken zu höheren Anforderungen an die Rendite und damit höheren Kapitalkostensätzen (Diskontierungszinsen).[77] Für die Berechnung des risikoadäquaten Gesamtkapitalkostensatzes (WACC) wird der Variationskoeffizient der betrachteten Ertragsgröße, also deren Standardabweichung bezogen auf den Mittelwert, in den Diskontierungszinssatz umgerechnet.[78] Geht man nämlich von einem z. B. für das Unternehmen allgemein vorgegebenen Gesamtkapitalkostensatz (WACC) für alle Projekte aus, wird die unterschiedliche Volatilität der Rückflüsse ignoriert.

Die Beurteilung kann man basierend auf den Ergebnissen der Risikoanalyse weiter präzisieren. So lässt sich der zunächst einfach „gegebene“ Kapitalkostensatz (WACC) unmittelbar aus den Ergebnissen von Risikoanalyse und Risikosimulation ableiten: ein höherer Umfang der Ertragsrisiken (Cashflow-Volatilität) impliziert höhere Anforderungen an die erwartete Rendite (Kapitalkosten).[79]

3.11 Fallbeispiel Unternehmensplanung

Im Folgenden werden die einzelnen Schritte des oben dargestellten Prozesses der Erstellung einer Entscheidungsvorlage am fiktiven Beispiel einer Unternehmensplanung durchgegangen.

[77] Vgl. Gleißner, 2011, und Gleißner et al., 2021 mit einem entsprechend erweiterten Fallbeispiel.

[78] S. Abschn. 8.6 und Fallbeispiel Gleißner et al., 2021.

[79] S. Abschn. 3.8 und Abschn. 8.5 zur Umrechnung des Variationskoeffizienten in einen Kapitalkostensatz sowie das Fallbeispiel bei Gleißner/Meyer/Spitzner, 2021.

Die Ausgangslage

Das Unternehmen X GmbH ging in seiner Ende 2019 aufgestellten Planung für das Jahr 2020 von einem stetigen Aufwärtstrend des Umsatzes aus.[80] Im März 2020 wurde angesichts der Corona-Pandemie klar, dass sich die ursprüngliche Planung nicht realisieren wird. In der Diskussion der Geschäftsführung wird über einen V- oder L-förmigen Verlauf des Absatzes für das Restjahr 2020 diskutiert. Ein V-förmiger Verlauf würde bedeuten, dass nach einem starken Absatzeinbruch eine rasche Erholung eintreten würde. Bei einem L-förmigen Verlauf würde nach einem anfänglichen Absatzeinbruch eine nur sehr langsame Erholung erfolgen. Abb. 11 zeigt dies schematisch.

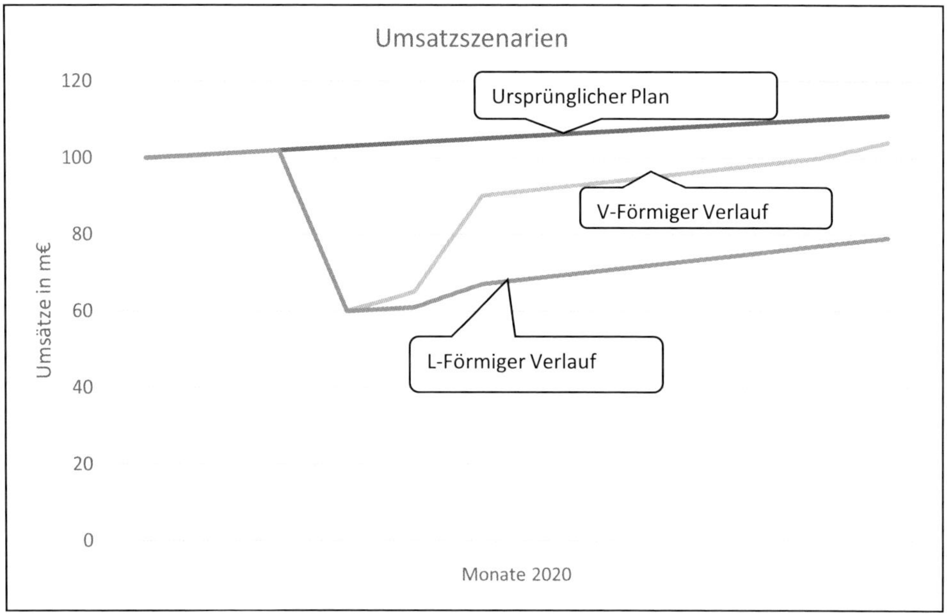

Abb. 11: Umsatzszenarien im Fallbeispiel

Die Controlling-Leiterin der X GmbH stellt die finanziellen Auswirkungen der beiden Szenarien im Vergleich zur ursprünglichen Planung dar (s. Tab. 10). Das Unternehmen verfügt über ein Eigenkapital von 500 Mio. EUR.

[80] Dies ist eine überarbeitete und erweiterte Fassung eines Fallbeispiels aus Vanini/Rieg, 2021.

Angaben in mEUR	ursprüngl. Plan	V-förmiger Verlauf	L-förmiger Verlauf
Gesamtumsatz	1.266,00	1.102,00	935,00
variable Kosten (30 %)	379,80	330,60	280,50
Fixkosten	750,00	750,00	750,00
EBIT	136,20	21,40	–95,50
FK-Zinsen	50,00	50,00	50,00
Gewinn v. St.	86,20	–28,60	–145,50
Steuern (25 %)	21,55	–	–
Gewinn n. St.	64,65	–28,60	–145,50
EK-Rendite	12,93 %	–5,72 %	–29,10 %

Tab. 10: Auswirkungen von Plan und Absatzszenarien auf den Gewinn n. St.

Die Geschäftsführung hält den V-förmigen Verlauf für realistischer und geht zur Tagesordnung über. Diese sicher nicht untypische Vorgehensweise und Entscheidung entspricht nicht der BJR.

- Die Unsicherheit bezüglich der Planung wird nicht betrachtet. Es wird suggeriert, dass die Entscheidung sicher oder „alternativlos“ ist.
- Es findet keine Quantifizierung der Unsicherheit in Form von Chancen und Risiken und in Bezug auf verschiedene Entscheidungsalternativen statt.
- Die Konsequenzen verschiedener Alternativen hinsichtlich ausgewählter Risikokennzahlen und der Risikotragfähigkeit werden nicht transparent.
- Es werden keine klaren Kriterien für die Auswahl zwischen den Alternativen dargestellt und angewandt, anders gesagt benötigt man eine risikoadjustierte Zielgröße und die Bewertung jeder Alternative in Bezug auf diese.
- Die Prämissen und die Sachlogik der Planung und Planalternativen werden nicht diskutiert und es wird nicht dargestellt, welchen Einfluss Parameteränderungen besitzen (keine Sensitivitätsanalyse).

Aus diesen Punkten leiten sich bereits die Schritte ab, die es in eine der BJR entsprechenden Entscheidungsvorlage für die operative Planung einzubeziehen gilt.

Schritt 1: Festlegen von risikoadjustierten Zielgrößen und Randbedingungen

Die vom Beispielunternehmen verwendeten Zielgrößen Gewinn und Eigenkapitalrendite sind nicht risikoadjustiert, da sie nur Chancen abbilden, aber nicht die mit einer Planalternative einhergehenden Risiken. Ebenso werden den Zielgrößen nicht die mit der Planung verbundenen Risikopuffer gegenübergestellt, um die Risikotragfähigkeit zu ermitteln. Die Controlling-Leiterin der X GmbH schlägt als risikoadjustierte Zielgröße den RAROC vor.

Der **RAROC (Risk Adjusted Return on Capital)** setzt das Risiko im Zähler an. Man zieht vom erwarteten Ergebnis einen Risikoabschlag ab:[81]

$$RAROC = \frac{Ergebnis - Risikoabschlag}{investiertes\ Kapital} = \frac{Ergebnis - geforderte\ Rendite \cdot Risikokapital}{investiertes\ Kapital}$$

Die geforderte Rendite im RAROC entspricht dabei dem „Marktpreis" des Risikos im Sinne der Sharpe-Ratio.[82] Sie wird hier mit 40 % angenommen.

Der Risikoabschlag lässt sich über eine MCS und weiteren Annahmen ermitteln, wie weiter unten gezeigt wird. Der Risikoabschlag ist abhängig von der Risikomenge, die sich aus Risikoanalyse und Risikosimulation ergibt und durch ein Risikomaß ausgedrückt wird (wie die Standardabweichung).[83]

Schritt 2: Aufbau des quantitativen Planungsmodells

Das aufzubauende Planungsmodell soll die Sachlogik der Unternehmensplanung abbilden (operationales Modell). Für die in aller Regel verwendeten finanziellen Zielgrößen wird der Ausgangspunkt eine Erfolgsrechnung sein, wie sie schematisch in Tab. 10 dargestellt ist. Solch ein Planungsmodell sollte „operational" sein, in dem es reale Wirkungszusammenhänge abbildet.

Das Unternehmen verwendet die o. g. Erfolgsrechnung und geht davon aus, dass der Verlauf des Umsatzes unsicher ist (s. Tab. 11). Er wird als stochastischer Prozess abgebildet und in Schritt 3 genauer definiert. Alle anderen Größen seien hier als konstant angenommen.

Angaben in mEUR	
Gesamtumsatz	stochastischer Prozess
variable Kosten (30 %)	Annahme: konstant
Fixkosten	Annahme: konstant
EBIT	berechnet
FK-Zinsen	Annahme: konstant
Gewinn vor Steuern	berechnet
Steuern (25 %)	Annahme: konstant
Gewinn nach Steuern	berechnet

Tab. 11: Festlegung der stochastischen Größen im Planungsmodell

[81] In der Literatur wird der Abschlag richtigerweise als Risikoprämie bezeichnet. Das Unternehmen sollte für die eingegangenen Risiken bei risikoaversen Eigentümern eine Prämie erwirtschaften. Allein aus didaktischen Gründen wird der Betrag hier als Risikoabschlag vom Ertrag bezeichnet.

[82] Vgl. Gleißner, 2017, S. 213 f. sowie S. 368 ff.

[83] Siehe zur Herleitung des Risikoabschlags Gleißner, 2011, und das Fallbeispiel Gleißner/Meyer/Spitzner, 2021.

Schritt 3: Definition der wesentlichen Parameter

Ein stochastisches Planungsmodell benötigt Angaben darüber, welche Größen als unsicher betrachtet werden und welche nicht. Wir beschränken uns hier als alleinige unsichere Größe auf den für diesen Fall wesentlichen weiteren Umsatz für die Monate April bis Dezember.[84] In diesem Schritt 3 muss festgelegt werden, wie die Unsicherheit im Planungsmodell abgebildet wird.

Im „Pandemie-Szenario" ist die Annahme eines bestimmten Verlaufs eher problematisch: niemand wird vorab sagen können, welche weitere Entwicklung sich ergibt. Man kann jedoch zumindest annehmen, dass mit der Zeit eine „Aufwärtsbewegung" hin zum früheren Umsatzniveau stattfinden wird. Solch eine asymptotische Annäherung kann über eine andere Art von stochastischem Prozess, den Black-Karasinski-Prozess,[85] abgebildet werden. Die dafür nötigen Parameter a, b und σ beschreiben den Verlauf, wobei a und b den Anstieg definieren und σ die Streuung der Werte (s. Abb. 12).

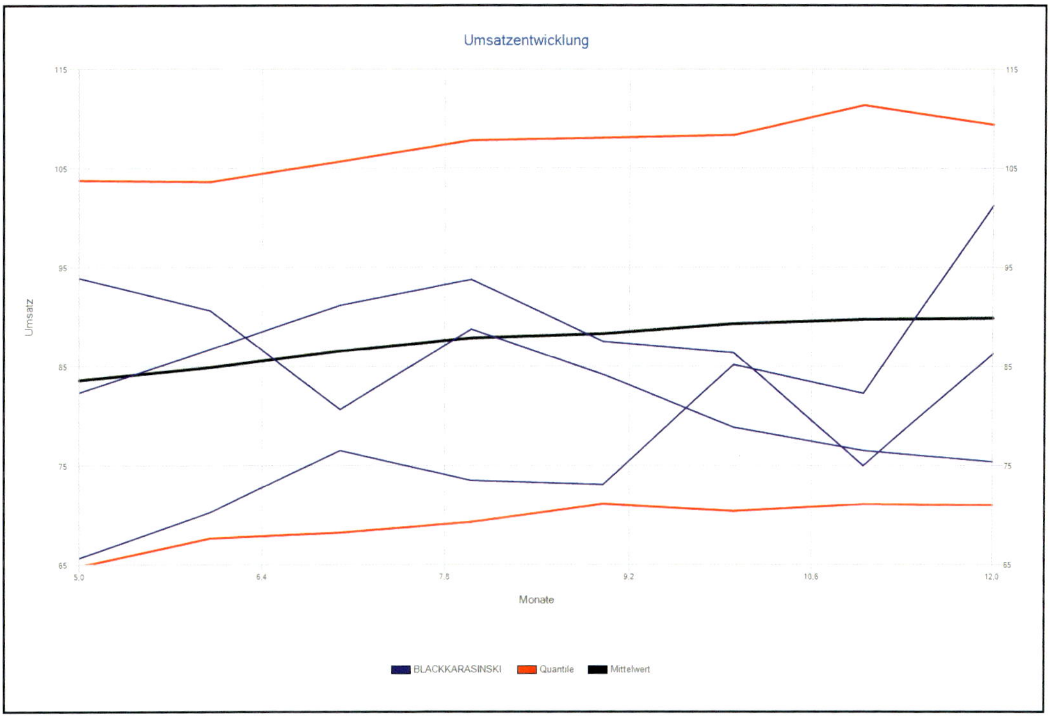

Abb. 12: Beispielverlauf Black-Karasinski-Prozess für a = 0,3, b = 4,5 und σ = 0,1

Unsichere Größen im Zeitablauf lassen sich beispielsweise als stochastische Prozesse abbilden. Dabei schwanken simulierte Werte um eine Konstante oder

[84] Andere Beispiele zu einer stochastischen operativen Planung finden sich bei Gleißner/Wolfrum, 2019; Rieg/Ulrich, 2019.

[85] Vgl. Pfeifer/Straßburger, 2008, S. 356 ff.

eine Trendlinie.[86] Die Parameter für den Prozess lassen sich aus den bisherigen Plandaten für die beiden Varianten heraus schätzen (sog. Kalibrierung) oder anhand bisherigen Wissens ableiten. Zu letzterem gehören beispielsweise die Schwankungen der Absatzdaten in der Vergangenheit aber auch gesamtwirtschaftliche und branchenbezogene Indikatoren wie Erwartungen der Marktentwicklung, Auftragseingänge etc.

Für die ursprüngliche Planung wird angenommen, dass der Umsatz einem Aufwärtstrend folgt, aber um diesen herum schwanken kann. Wir haben es dann mit einem stochastischen Prozess mit Trend zu tun, einen sogenannten Wiener-Prozess mit Trend. Im Mittel soll der Umsatz je Monat um 1 Mio. Euro ansteigen, die Standardabweichung sei 5 Mio. Euro.

Schritt 4: Durchführen der MCS

Die eigentliche Durchführung der Monte-Carlo-Simulation erfolgt rechnerisch über das Erzeugen von Zufallszahlen für die stochastische Größe Umsatz und das Ermitteln der Zielgröße für jeden Umsatzwert. Es ergibt sich dann eine Verteilung der Zielgröße. Die Anzahl der Simulationsläufe sollte genügend hoch sein, ein gut fünfstelliger Wert sollte meist genügen. In diesem Fall zeigt sich bei 10.000 Simulationsläufen die Verteilung der Zielgröße Gewinn nach Steuern aus Abb. 13. Die Renditegröße Return on Risk-adjusted Capital (RAROC) ergibt sich hier über die obige Formel. Das Risikokapital ermittelt sich als Summe der möglichen Verluste gewichtet mit ihrer Eintrittswahrscheinlichkeit, was dem sogenannten Conditional Value-at Risk (CVaR) entspricht.

Tab. 12 zeigt die Ergebnisse der bisherigen Planung und des Pandemie-Szenarios im Vergleich. Durch den Risikoabschlag vom erwarteten Gewinn nach Steuern ergibt sich ein gegenüber der EK-Rendite niedrigerer RAROC. Das ist bereits in der bisherigen Planung der Fall, da die EK-Rendite nur die Chancen aber nicht das Risiko explizit ausweist. Auffällig ist auch, dass im Pandemie-Szenario zu etwa 90 % mit Verlusten zu rechnen ist.

	Ursprünglicher Plan Zielgröße RAROC	**Pandemie-Szenario Zielgröße RAROC**
Erwartungswert	70,39 EUR	–60,21 EUR
Standardabweichung	72,51 EUR	47,34 EUR
Variationskoeffizient	1,03	–0,79
VaR 95 %	–51,21 EUR	–148,90 EUR
p(Verluste)	14,20 %	91 %
CVaR	–49,60 EUR	–67,78 EUR
RAROC	**10,11 %**	**–17,46 %**
EK-Rendite	14,08 %	–12,04 %

Tab. 12: Ergebnisvergleich

[86] Zu einer Einführung vgl. Vanini/Rieg, 2021.

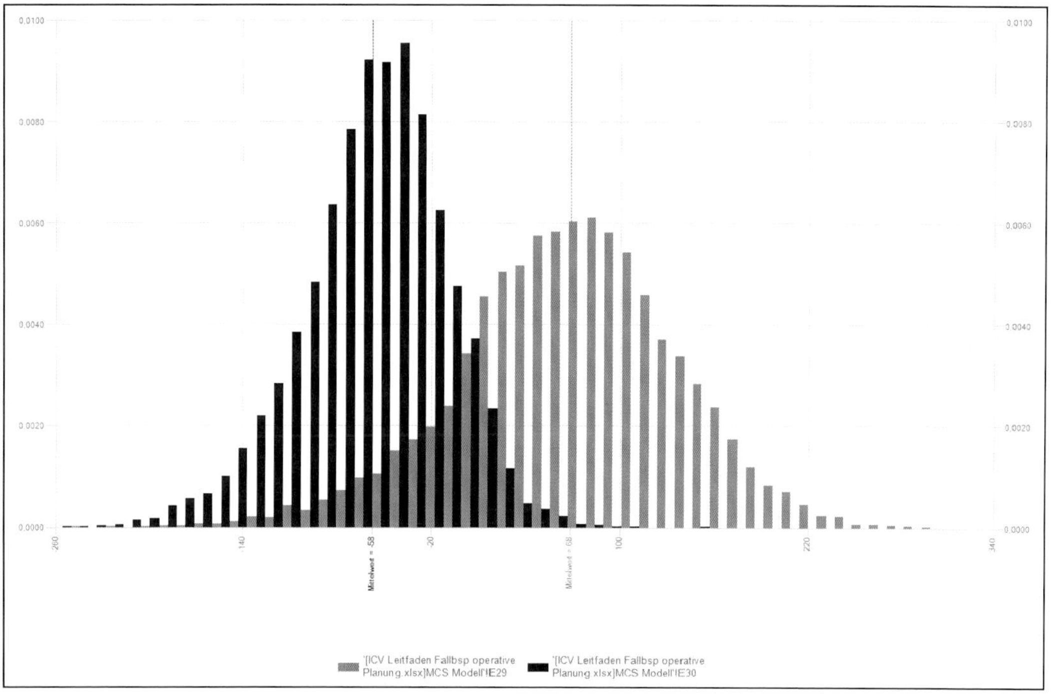

Abb. 13: Histogramme der Verteilung „Gewinn n. St." für bisherige Planung (grau) und Pandemie-Szenario (blau)

Schritt 5: Sensitivitätsanalysen und Robustheitstests

Sensitivitätsanalysen ermitteln, welche Faktoren den größten Einfluss auf die Zielgrößen ausüben und welche Änderungen sich durch Änderungen von Parametern ergeben. In dem vorliegenden Fallbeispiel gibt es nur eine stochastische Größe, sodass eine Sensitivitätsanalyse nicht durchführbar ist.

Schritt 6: Auswerten und in Entscheidungsvorlage integrieren

Die stochastische Simulation wie im Fallbeispiel ist ein Beispiel für eine Bandbreitenplanung. Sie zeigt eine auf plausiblen und plausibilisierten Annahmen beruhende Verteilung der Zielgrößen des Unternehmens und ist die Basis für die Ableitung weiterer Informationen wie a) risikoadjustierte Performance-Messung, b) Einschätzung der Risikotragfähigkeit, wie oben erläutert und c) Beurteilung verschiedener Planalternativen.

Die Beurteilung der alternativen Handlungsmöglichkeiten basiert auf einem Entscheidungskriterium, das Ertrag und Risikomenge berücksichtigt (wie in Kap. 3.8 erläutert).

Alle diese Informationen können in einer Entscheidungsvorlage zusammengefasst werden. Diese beschreibt zunächst die Ausgangslage, die verschiedenen Szenarien, von denen man ausgehen will und Randbedingungen der Planung. Anschließend sollte die Methodik kurz erläutert werden, sodass Entscheidungsträger die Ergebnisse nicht als „black box" betrachten und ggf. anzweifeln.

Die anschließende Ergebnisdarstellung sollte dann die Konsequenzen auf die festgelegten Zielgrößen darstellen, jedoch keine Bewertung oder Empfehlung enthalten.

Sehr wohl aber können weitergehende Hinweise auf mögliche Maßnahmen dargestellt werden. Das betrifft bspw. in dem Pandemie-Szenario die grundsätzliche Überlegung wie eine wirtschaftliche Nachhaltigkeit auch für solche Krisenzeiten erreicht werden kann. Eine wirtschaftliche Nachhaltigkeit beinhaltet bspw. Aspekte wie a) Wachstumsausrichtung, b) Überlebensfähigkeit durch Puffer, c) angemessenes Ertrags-Risiko-Verhältnis und d) angemessenes Ertrags-Risiko-Profil.[87]

3.12 Fazit

Managemententscheidungen im Allgemeinen und die von der Geschäftsleitung zu treffenden „unternehmerischen Entscheidungen" im Besonderen sind grundsätzlich als Entscheidung unter Unsicherheit aufzufassen. Die Vorbereitung unternehmerischer Entscheidungen muss sich deshalb speziell mit den unsicheren Auswirkungen dieser Entscheidungen befassen. Den methodischen Rahmen geben die betriebswirtschaftliche Entscheidungslehre und die Methode einer risikoadäquaten Bewertung vor. Aus betriebswirtschaftlicher Perspektive lassen sich klar die zentralen Elemente einer Entscheidungsvorlage ableiten. Wie erläutert, sind insbesondere Ziel und Beurteilungsmaßstab, Nebenbedingungen, Ausgangssituation, Annahmen und die verfügbaren Handlungsoptionen zu nennen. Für jede Handlungsoption ist anzugeben, welche erwarteten Auswirkungen sich für diese ergeben und mit welchen Chancen und Gefahren sie verbunden sind. Schließlich ist eine Beurteilung erforderlich, die die erwarteten Wirkungen und die Risiken berücksichtigt.

Die gesetzlichen Mindestanforderungen an die Entscheidungsvorbereitung, die sich insbesondere aus der BJR ergeben, decken sich mit den ökonomischen Anforderungen. Auch die Rechtsprechung verweist auf die zentralen Aussagen der Entscheidungstheorie und insbesondere auf den Sachverhalt, dass bei mit unsicheren Auswirkungen verbundenen Entscheidungen insbesondere die mit diesen verknüpften Risiken klar aufzuzeigen und im Entscheidungskalkül zu würdigen sind.

[87] Vgl. Günther et al., 2020, S. 83 ff. und zur Überführung des Rendite-Risiko-Profils auf einen Kapitalwert Gleißner, 2019c.

Neben adäquaten Inhalten gibt es zwei weitere zentrale Anforderungen an eine Entscheidungsvorlage: zum einen muss die Entscheidungsvorlage transparent sein, sodass auch eine nicht mit der Entscheidungsvorbereitung befasste Person – insbesondere der Entscheider – alle wesentlichen Aspekte, z. B. die zugrundeliegenden Annahmen, nachvollziehen kann. Darüber hinaus ist bei einer Entscheidung eine „angemessene informationelle Fundierung" erforderlich. Das bedeutet, dass Arbeitsumfang und Kosten der Entscheidungsvorbereitung angemessen sein müssen in Relation zur ökonomischen Bedeutung der Entscheidung, speziell der mit dieser Entscheidung verbundenen Risiken. Eine größere und riskantere Investition rechtfertigt entsprechend mehr zeitlichen Aufwand und Analysetiefe bei der Erstellung der Entscheidungsvorlage.

Tab. 13 zeigt eine erste Checkliste zur Bewertung der Qualität von Entscheidungsvorlagen für unternehmerische Entscheidungen.

		0: Findet man fast nie	1: Wird teils-teils erfüllt	2: Wird fast immer erfüllt	3: Bei jeder Entscheidungsvorlage erfüllt und Erfüllung unabhängig geprüft
1	Sind die Ziele und Entscheidungskriterien (Erfolgsmaßstab) klar?				
2	Wird aufgezeigt, welche Handlungsalternativen bestehen (bzw. geprüft wurden)?				
3	Gibt es eine nachvollziehbare Erläuterung und Situationsanalyse?				
4	Werden die prognostizierten Auswirkungen der Entscheidung angegeben und nachvollziehbar abgeleitet („Prognose")?				
5	Sind die Annahmen klar, auf denen die Prognose basiert?				
6	Sind bestehende Chancen und Gefahren (Risiken), wie Unsicherheiten bei den Annahmen, systematisch identifiziert und genannt?				
7	Werden Risiken auch quantifiziert und aggregiert, um z.B. Implikationen für das zukünftige Rating („Bestandsgefährdung") erkennen zu können?				
8	Findet eine nachvollziehbare „Gesamt-Würdigung" mit aufzeigen der Vor- und Nachteile und nachvollziehbarer Ableitung einer Handlungsempfehlung statt?				
9	Erfolg bei Entscheidungen mit deutlichen Auswirkungen auf Finanzen/Risiko ein fundiertes Abwägen erwarteter Erträge und Risiken („risikogerechte Bewertung")?				
10	Sind alle Entscheidungsvorlagen auch ex post für einen „neutralen Dritten" nachvollziehbar (klare Begriffe, Methoden..)?				

Tab. 13: Entscheidungsvorlagen beim Vorstand: eine erste Selbsteinschätzung

4 Der Weg zur Entscheidungsvorlage

4.1 Einführung

Um den Nachweis einer angemessenen Informationsgrundlage im Sinne der BJR zu erbringen, braucht es eine adäquate Aufbau- und Ablauforganisation des Entscheidungsprozesses. Der eigentlichen Entscheidung vorgelagert stellt diese sicher, dass alle relevanten Inhalte in der Entscheidungsvorlage inbegriffen, mit adäquaten Methoden aufbereitet und schließlich strukturiert bereitgestellt werden, um eine Vergleichbarkeit zwischen Handlungsoptionen und Entscheidungen zu ermöglichen. Neben der Angemessenheit und Vollständigkeit der Entscheidungsvorlage ist die Neutralität in der Informationszusammenstellung unerlässlich. Um letztere Anforderung zu gewährleisten und das Eigeninteresse des Antragstellers zu begrenzen, empfiehlt es sich, sofern möglich, neben den Antragsteller und Entscheider eine Dritte Person zur Erstellung der Entscheidungsvorlage einzubinden. Deren Aufgabe ist es auch, die Entscheidungsvorlage in Abhängigkeit von bestimmten Merkmalen der Investition z.B. der Investitionssumme, der Risikoeinschätzung oder der strategischen Auswirkung angemessen auszugestalten. Letztlich kann die Vollständigkeit und Angemessenheit durch den Einbezug weiterer Fachabteilungen in den Erstellungsprozess, die Überprüfung der Entscheidungsvorlage durch ein Gremium und weitere Kontrollen sichergestellt werden. Damit ermöglichen alle beteiligten Instanzen gemeinsam, über einen definierten Prozess, ein Handeln auf Grundlage angemessener Informationen und damit zum Wohle des Unternehmens.

Im Folgenden wird anhand einer strategischen Investitionsentscheidung – mit dem Ausgangspunkt der Antragstellung – ein Prozess zur Erstellung einer Entscheidungsvorlage exemplarisch dargestellt. Dabei handelt es sich um eine unternehmerische Entscheidung, innerhalb derer – per Definition – der Geschäftsführer oder Vorstand (im Folgenden Geschäftsleiter[88]) zwischen mehreren Handlungsalternativen entscheidet. Die Rolle des Aufsichtsrates wird dabei durch seine Überwachungsfunktion geprägt. Investitionsentscheidungen stellen die Grundlage unternehmerischen Handelns dar. In Form eines Gegenwartsverzichts zugunsten eines Zukunftsgewinns sichern sie langfristig den Wertzuwachs des Unternehmens. Der langfristige Charakter von Investitionen führt nicht selten zu Herausforderungen für Unternehmensführung, Controlling und Risikomanagement. Neben einer langen Kapitalbindung sind vor allem die aus der Investition resultierenden, zukünftigen Zahlungsströme und Risiken mit Unsicherheiten behaftet und können den Unternehmenswert und den Unternehmenserfolg negativ beeinflussen. Daher müssen Investitionsentscheidungen auf einer angemessenen Informationslage und im Rahmen eines strukturierten Entscheidungsprozesses erfolgen.

Zunehmende Bedeutung findet in den letzten Jahren die Agilisierung von Prozess- und Arbeitsweisen. Dabei sollen flexible Organisations- und Steuerungsstrukturen

[88] Die Formulierung Geschäftsleiter umfasst im Folgenden sowohl Vorstandsmitglieder als auch Mitglieder der Geschäftsführung; vgl. StaRUG, 2020, S. 7.

u.a. auch Entscheidungen beschleunigen, um die schnellere Anpassung an sich verändernde Rahmen- und Marktbedingungen zu ermöglichen. Gerade bei strategischen Investitionsentscheidungen und deren langfristigem Charakter sollte der Mehrwert eines agilen Prozesses gegenüber einem klassischen Prozess jedoch kritisch hinterfragt werden, da möglicherweise ein Zielkonflikt zwischen der Governance auf der einen und der Agilität auf der anderen Seite entsteht. Dieser Trade-off kann gerade bei Investitionen erfolgskritisch sein. Einmal mehr besteht dabei die Lösung in standardisierten und optimierten Prozessen, die über die Zusammenarbeit mehrerer Bereiche sowohl die Schnelligkeit des Prozesses aufrechterhalten, als auch Sorgfaltspflicht- oder Reputationsverletzungen ausschließen.

Ein hierzu möglicher Prozess zur Erstellung der Entscheidungsvorlage wird in Kap. 4.3 aufgezeigt. Dabei ergeben sich unterschiedliche Prozessausgestaltungsmöglichkeiten in Abhängigkeit der Unternehmensgröße und -struktur, wobei zunächst von einer Konzernstruktur ausgegangen wird. Spezifika, die sich im Prozess der Entscheidungsvorbereitung bei mittelständischen und Kleinstunternehmen ergeben, werden anschließend beleuchtet. Gleich welcher Unternehmensgröße und –struktur, so bedarf eine unternehmerische Entscheidung einen Auslöser und eine Instanz, die diese Entscheidung vorantreibt, hier Antragsteller genannt. Der resultierende Antrag ist grundsätzlich als interessengeleitet anzusehen und nicht direkt als Entscheidungsvorlage verwendbar. Der Antrag muss daher in eine Entscheidungsvorlage überführt werden, die den Anforderungen der BJR entspricht. Über diese Vorlage kann dann die Unternehmensleitung entscheiden.

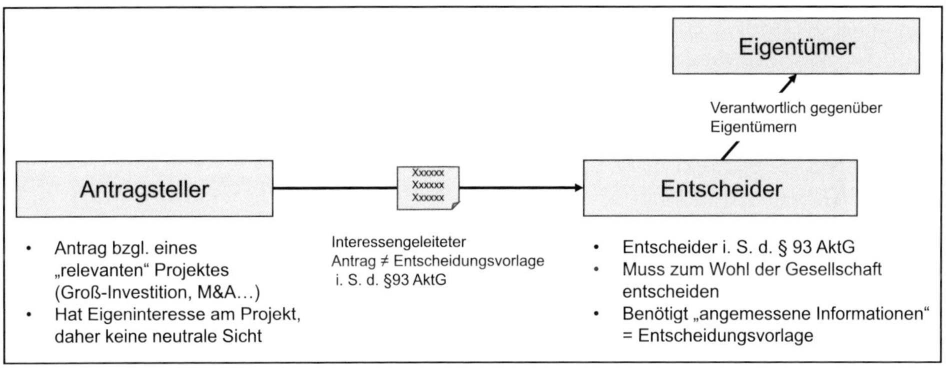

Abb. 14: Grundstruktur Antragsteller, Entscheider

Als Ausgangslage sehen wir hier folgende Aspekte:[89] Die unternehmerische Realität erfordert die Notwendigkeit und bietet die Vorteilhaftigkeit der **Delegation von Aufgaben**. Manager werden in der Praxis die durch die Business Judgement Rule (BJR) geforderte Entscheidungsvorbereitung aufgrund quantitativer oder qualitativer Überlastung nicht immer selbst erstellen können. Dies ist auch teilweise nicht

[89] Vgl. RMA, 2019, S. 55f. sowie 80ff.

sachdienlich, da Manager Entscheidungsverzerrungen unterliegen und diese dann nur schwer vermeidbar bzw. reduzierbar wären. Manager werden somit sinnvollerweise die Erstellung von Entscheidungsvorlagen zumindest im Kern delegieren (müssen).

Diese Delegation kann an interne Organisationsmitglieder oder externe Sachverständige erfolgen: Für Entscheidungen, die Kenntnis organisationsinterner Sachverhalte erfordern, wird eine Delegation an externe Sachverständige eher nicht geeignet sein. Je nach Art der Entscheidung kann dies jedoch ergänzend oder vollständig angemessen sein. Solche Externen können Wirtschaftsprüfer und Berater sein. Im internen Delegationsfall sind **Unabhängigkeit und Fachkenntnis** wichtige Kriterien: da die BJR eine angemessene und möglichst objektive Entscheidungsgrundlage erfordert, sind auch die daran durch Delegation mitwirkenden Personen dazu angehalten. In jedem Fall, ob Delegation vorliegt oder nicht, sind Entscheidungen sowie das System der Entscheidungsvorbereitung zu dokumentieren.

Ein Personenkreis, der für diese Delegation infrage kommt, sind Controller und Leiter Controlling. Erstere sind rechtlich als Arbeitnehmer anzusehen, letztere als angestellte Manager i. S. v. Arbeitnehmern.[90] Arbeitnehmer sind grundsätzlich gegenüber der Geschäftsführung weisungsgebunden. Die Weisungsgebundenheit an einen Entscheider muss nicht bedeuten, dass eine Person weisungsgebunden gegenüber einem Antragsteller ist.

In Bezug auf die BJR bedeuten Weisungsbefugnis und Unabhängigkeit bei Erarbeitung einer Entscheidungsvorlage folgendes:

- Die BJR erfordert eine Entscheidung auf der Grundlage angemessener Informationen zum Wohle der Gesellschaft. Insofern ist die Geschäftsleitung aufgefordert, bei ihren Weisungen an Personen, die an dieser Entscheidungsvorlage mitwirken, dieselben Anforderungen zu beachten.
- Abgesehen von erkennbar strafbaren Handlungen kann sich ein Arbeitnehmer im Rahmen seines ihm zugewiesenen Aufgabenbereichs nicht der Weisung entziehen.
- Eine Unabhängigkeit eines Controllers gegenüber der weisungsbefugten Geschäftsführung ist rein arbeitsrechtlich nicht gegeben, selbst dann nicht, wenn diese Geschäftsführung nach Ansicht eines Controllers ihre Pflichten gemäß § 93 AktG nicht erfüllen sollte.[91]
- Unabhängigkeit und Eigenständigkeit der Controllerarbeit gegenüber der Geschäftsführung können sich nur durch die bilaterale Übereinkunft und Interpretation der delegierten Aufgaben ergeben. Solch eine Interpretation zeigt sich in den verschiedenen Rollen von Controllern in der Praxis. Darin liegt jedoch auch eine Chance zur Rollengestaltung (role making).[92]

---

[90] Zur Entscheidungsunterstützung durch Controller vgl. Vanini et al., 2019, S. 38 ff.
[91] Abgesehen wiederum von strafrechtlichen Sachverhalten.
[92] Vgl. bspw. Rambusch/Sill, 2007, S. 375 ff.

- Sofern die Vorbereitung von Entscheidungsvorlagen als Controlleraufgabe vorgesehen ist, sollte in einer Stellen-, Aufgaben- bzw. Prozessbeschreibung die notwendige Neutralität bei der Erstellung solcher Vorlagen explizit genannt werden, um die Anforderungen der BJR zu erfüllen.
- Sofern eine Geschäftsführung aus mehreren Personen besteht, ist auch zu klären, inwiefern Controller hier eine Moderatorenrolle einnehmen könnten und wie mit unterschiedlichen Weisungen unterschiedlicher Personen umgegangen werden soll.

4.2 Beteiligte an der Erstellung einer Entscheidungsvorlage

4.2.1 Unternehmenstypologie und BJR

Zwar bezieht sich § 93 AktG auf Aktiengesellschaften, doch hat die BJR auch Bindungswirkung für andere Kapitalgesellschaften und strahlt auch auf kleinere und eigentümergeführte Unternehmen aus. Insofern ist zu untersuchen, ob und wie die BJR und Controller in anderen Unternehmenstypen zusammenwirken können. Sowohl Unternehmensgröße als auch Eigentümerstruktur sind dabei zwei wesentliche Faktoren, die die Unternehmensverfassung und Organisation bestimmen.[93] Für den Beginn lassen sich drei Stereotypen unterscheiden:[94]

A: Börsennotierte Großunternehmen (Rechtsform: AG)

In diesem Fall verfügen Unternehmen über genügend Personalressourcen und eine differenzierte Organisation, die es erlaubt, dass bspw. ein zentrales Controlling Entscheidungsvorlagen aufstellt, die auf Anträgen von dezentralen Managern basieren. Dezentrale Controller unterstützen dabei dezentrale Manager bei der Antragerstellung. Auch das Risikomanagement kann hier als Ersteller von Entscheidungsvorlagen infrage kommen.

In solchen Unternehmen ist dann im Detail zu klären, wie die Zusammenarbeit und die Aufgabenverteilung zwischen zentralem und dezentralem Controlling in Bezug auf die BJR erfolgt. Die Delegation von Entscheidungsbefugnissen in dezentralisierten Organisationen sollte auch darlegen, welche Personen welche Arten von Entscheidungen bis zu welcher Höhe (Auswirkungen) treffen können, womit deutlich wird, auf welcher Organisationsebene welche Art von Entscheidungsvorlagen erarbeitet werden müssen. Das erfolgt oft in Form von Wertgrenzen oder anderen Limits. Es erscheint hier wichtig, die wesentlichen Entscheidungsprozesse zu dokumentieren.

B: Mittelgroße, nicht börsennotierte Gesellschaften (Rechtsform: GmbH)

Solche Unternehmen verfügen über deutlich weniger Personalressourcen, sodass es schwierig ist, eine Unterstützung von Antragstellung und Erstellung von Entschei-

---

[93] Vgl. Becker et al., 2012 sowie Schachner et al., 2006.
[94] Vgl. Georgiou/Hillebrand, 2020, S. 44.

dungsvorlagen auf verschiedene Personen aufzuteilen. Oft sind nur ein zentrales Controlling und keine eigenständige Risikomanagement-Abteilung vorhanden.

Die Organisation ist in diesem Fall weniger differenziert, sodass Entscheidungen sich auf wenige Personen an der Spitze des Unternehmens konzentrieren. Insofern dürfte oft der Antragsteller mit dem Entscheider identisch sein. Jedoch muss die Geschäftsführung sicherstellen, dass die Anforderungen der BJR erfüllt werden. Interessengeleitete Projektanträge sind in „neutrale" Entscheidungsvorlagen zu überführen.

Mögliche Ansätze zur Erfüllung der Anforderungen der BJR sind die fallweise externe Unterstützung oder neutrale Stellen wie eine Assistenz.

C: Kleinunternehmen mit wenigen Mitarbeitern (Rechtsform: Personengesellschaften)

Zwar sind Eigentümer, die auch als Manager fungieren, letztlich sich selbst gegenüber verantwortlich, in Fällen wie der Insolvenz müssen jedoch auch sie nachweisen können, dass ihre Entscheidungen auf einer belastbaren Grundlage stattfanden. Daher ist es ratsam, bei wesentlichen unternehmerischen Entscheidungen externe Unterstützung einzuholen.

4.2.2 Die Beteiligten an der Erstellung einer Entscheidungsvorlage am Beispiel von Investitionen

Unternehmerische Entscheidungen sind durch den Einbezug mindestens eines Vorstands oder Geschäftsführers geprägt. Dieser übernimmt die Rolle des Entscheiders. Wie oben angemerkt, dürfte es aber zweckmäßig und sachgerecht sein, a) weitere Personen und Stellen einzubinden, die Expertise einbringen können und die bei der Erstellung einer neutralen Entscheidungsvorlage mitwirken und b) die verschiedenen Gremien und Instanzen von Entscheidungsprozessen in einem konkreten Unternehmen zu berücksichtigen. Im Folgenden werden daher am Beispiel einer Investitionsentscheidung die verschiedenen Personengruppen und Gremien aufgeführt und deren mögliche Beteiligung im Entscheidungsprozess diskutiert. Grundsätzlich wird hier zwischen dem Antragsteller, dem Vorbereiter der Entscheidungsvorlage und dem Entscheider selbst unterschieden.

Die Mindestanforderungen ergänzend sehen Standards wie der DIIR Revisionsstandard Nr. 2 und der COSO ERM die Involvierung des Risikomanagements als unerlässlich bei unternehmerischen Entscheidungen an, um die damit verbundene Unsicherheit adäquat zu berücksichtigen.[95] Der im Folgenden dargestellte Prozess hin zur Entscheidungsvorlage beinhaltet außerdem die in der Praxis meist übliche Überprüfung und Abstimmung der Entscheidungsvorlage innerhalb eines Gremiums. Die Verantwortlichkeiten der involvierten Instanzen lassen sich hieraus für den im Folgenden dargestellten Prozess wie folgt beschreiben:

---

[95] Vgl. Deutsches Institut für Interne Revision e.V., 2018, S. 19 sowie COSO ERM, 2017.

Antragsteller:

Bereichs- / Budgetverantwortlicher Manager

Der bereichs-/budgetverantwortliche Manager Bereichs identifiziert einen Entscheidungs-/Investitionsbedarf und ist im weiteren Verlauf zusammen mit dem dezentralen Investitionscontrolling verantwortlich für die Antragsstellung. Dabei trägt er alle finanziellen und nicht-finanziellen Informationen für den Entscheidungs-/Investitionsbedarf zusammen, lässt z. B. im Falle einer Akquisition spezifische Markt- und Wettbewerberkenntnisse einfließen oder übernimmt die Durchführung der Commercial Due Diligence.

Dezentrales Investitionscontrolling

Das dezentrale Investitionscontrolling arbeitet eng mit dem zentralen Investitionscontrolling zusammen, unterstützt allerdings auf Bereichsebene bei der initialen Antragsstellung, wohingegen das zentrale Investitionscontrolling federführend bei der Erstellung der Entscheidungsunterlage ist.

Das dezentrale Investitionscontrolling erstellt und unterstützt bei der Erhebung des Investitionsantrags – sowohl durch finanzielle als auch nicht-finanzielle Informationen – und hat damit eine wesentliche Governance-Funktion im Investitionsprozess inne. Teil der Aufgabe des dezentralen Investitionscontrollings ist es, alle Investitionsanträge zu hinterfragen und den Finanzplan auf seine Plausibilität, Rentabilität und Compliance zu prüfen. Dazu gehört falls nötig auch die Übernahme der mit der Investition verbundenen Financial Due Diligence.

Ersteller der Entscheidungsvorlage:

Risikomanagement

Das Risikomanagement ist verantwortlich für die Plausibilisierung der mit dem Investitionsvorhaben verbundenen Risiko- und Chancensituation und unterstützt den Antragssteller während des gesamten Investitionsprozesses. Dabei nimmt es zu Beginn der Antragsstellung Risikoanalysen[96] vor und beurteilt die Auswirkung der Investition auf die Risikotragfähigkeit des Unternehmens.[97] Den Weg zur Entscheidungsvorlage begleitend, überwacht es Entwicklungen im Unternehmensumfeld und die hierzu getroffenen Annahmen und Auswirkungen auf die Rentabilität des Gesamtvorhabens. Letztlich stellt es nach der Investitionsentscheidung eine adäquate Abbildung aller damit einhergehenden Risiken und Chancen im Risikoinventar sowie der Risikoberichterstattung sicher. Werden Risikoanalysen direkt durch den Antragsteller miteingebracht, besteht die Aufgabe des Risikomanagements in der Prüfung eben dieser.

---

[96] Für weitere Ausführungen vgl. Flath et al., 2018, S. 120 ff.

[97] Vgl. IDW PS 340 n. F.

Zentrales Investitionscontrolling

Das zentrale Investitionscontrolling – oftmals Teil des Controllings – ist verantwortlich für die Vorgabe von Richtlinien für Investitionsentscheidungen. Damit setzt es durch die Definition von Standards für den Ablauf des Investitionsprozesses einen wichtigen Teil der Governance. Gleichzeitig ist es verantwortlich für die Vorbereitung der Entscheidungsvorlagen für den Vorstand oder die Geschäftsführung und stellt dabei sicher, dass sämtliche geltende Standards diesbezüglich berücksichtigt werden. Dies betrifft z. B. Governance- und Compliance- Vorgaben zu Freigabegrenzen, die Plausibilisierung von Business Cases, der Nachvollziehbarkeit von Informationsquellen oder Checklisten und Bewertungsmodellen zum Inhalt der Entscheidungsvorlage.

(Weitere) Fachabteilungen

Um eine angemessene Informationslage zu gewährleisten, ist bei den meisten Investitionsentscheidungen der Einbezug weiterer interner Fachabteilungen oder externer Experten notwendig, z. B.:

- Rechtsabteilung & Compliance: Die Rechtsabteilung spielt eine wesentliche Rolle bei der Erstellung der Entscheidungsvorlage und stellt die Einhaltung der rechtlichen Vorgaben beim Investitionsvorhaben sicher. Im Falle einer Unternehmensakquisition begleitet die Rechtsabteilung darüber hinaus z. B. die rechtliche- und Compliance Due Diligence und überprüft die rechtssichere Ausgestaltung der Kaufverträge. Abgesehen von Rechtsfragen kann die Abteilung zudem der erste Anlaufpunkt für alle Compliance-relevanten Fragestellungen wie z. B. Insider Listen oder ad-hoc Meldungen sein. Dabei gilt es auch sicherzustellen, dass keine rufschädigenden Compliance-Risiken mit der strategischen Investitionsentscheidung verbunden sind.
- IT: Sofern das Vorhaben den IT-Kompetenzbereich betrifft, ist die IT Abteilung verantwortlich für die Beurteilung des Aufwands sowie die Umsetzbarkeit des Investitionsvorhabens und unterstützt im weiteren Investitionsverlauf als Ansprechpartner für IT Sachverhalte. Im Falle einer Unternehmensakquisition fungiert das IT Department z. B. als verantwortlich für die Durchführung der IT Due Diligence.
- Rechnungswesen/Steuern: Das Rechnungswesen unterstützt das (dezentrale) Investitionscontrolling bei der Vorbereitung des Finanzplans und stellt sicher, dass alle rechnungslegungs- oder steuerrelevanten Sachverhalte korrekt abgebildet werden. Des Weiteren fungiert die Abteilung während des gesamten Investitionsvorhabens als Ansprechpartner für fachspezifische Fragen und ist je nach Investition im weiteren Verlauf stark eingebunden, z. B. im Falle einer Unternehmensakquisition mit der Konsolidierung.
- Interne Revision: Gegenstand der Prüfungen durch die Interne Revision stellt die Angemessenheit der Vorgaben sowie deren wirksame Umsetzung bei der Erstellung der Entscheidungsvorlage dar. Dies betrifft bspw. die Überprüfung,

inwieweit alle verfügbaren Informationen, z. B. aussagefähige Risikoinformationen, innerhalb der Entscheidungsvorbereitung berücksichtigt wurden.[98]

Neben dem Antragssteller und dem Ersteller der Entscheidungsvorlage bedarf es Instanzen, welche die Entscheidungsvorlage prüfen und die Entscheidung letztlich genehmigen.

Entscheider:

Investitions-Komitee I

Das Investitions-Komitee I ist verantwortlich für alle Investitionen, die – entsprechend der Freizeichnungsgrenzen – durch ein einzelnes Vorstandsmitglied genehmigt werden können. Es tagt regelmäßig und verfügt über die Entscheidungshoheit bezüglich der Entscheidungsvorlage im Investitionsprozess. Das Investitions-Komitee I ist mit den Verantwortlichen der Zentralfunktionen sowie weiteren interdisziplinären Mitgliedern und mindestens einem Vorstandsmitglied besetzt. Die Mitglieder des Investitions-Komitees I plausibilisieren und hinterfragen die Informationen des Investitionsantrags und entscheiden letztlich, ob die Entscheidungsvorlage eine angemessene, vollständige und neutrale Informationsbasis für die unternehmerische Entscheidung durch Geschäftsführung oder Vorstand ist.

Investitions-Komitee II

Das Investitions-Komitee II ist verantwortlich für alle Investitionen, die – entsprechend der Freizeichnungsgrenzen – durch mehr als ein Vorstandsmitglied genehmigt werden müssen.

Das Investitions-Komitee II ist – wie das Investitions-Komitee I – mit den Verantwortlichen der Zentralfunktionen sowie weiteren interdisziplinären Mitgliedern besetzt. Im Gegensatz zum Investitions-Komitee I ist das Gremium mit mehreren Vorstandsmitgliedern besetzt und entscheidet über Projekte von hoher strategischer Relevanz. Mitglieder des Investitions-Komitees II plausibilisieren und hinterfragen die Informationen des Investitionsantrags und entscheiden letztlich, ob die Entscheidungsvorlage eine angemessene, vollständige und neutrale Informationsbasis für die unternehmerische Entscheidung durch Geschäftsführung oder Vorstand ist.

Vorstand bzw. Geschäftsführung

Die letztendliche Entscheidung über die Investition obliegt in der Verantwortung des Geschäftsleiters (in Form der Vorstandsmitglieder oder der Mitglieder der Geschäftsführung). Eine Empfehlung durch das Investitions-Komitee und die regelmäßige Teilnahme des Geschäftsleiters kann unterstützend dienen und die Entscheidung vorbereiten, ersetzt letztlich jedoch nicht die durch den Geschäftsleiter zu treffende, eigentliche Entscheidung über die Investition.

---

[98] Vgl. DIIR, 2018, S. 20.

Aufsichtsrat

Grundsätzlich obliegt dem Aufsichtsrat die Überwachungsfunktion. Entsprechend der Freizeichnungsgrenzen kann es jedoch vorkommen, dass eine Zustimmung des Aufsichtsrats für die Investition einzuholen ist. In diesem Fall wird der Standardprozess bis zur Freigabe der Entscheidungsvorlage im Investitions-Komitee und der anschließenden Entscheidung durch den Vorstand durchlaufen und im Anschluss die Zustimmung des Aufsichtsrats durch den Vorstand angefragt.

4.3 Der Prozess der Erstellung einer Entscheidungsvorlage am Beispiel von Investitionen

Der Prozess der Erstellung einer Entscheidungsvorlage kann in zwei Phasen (Initiierung der Investition und Vorbereitung der Entscheidungsvorlage) unterteilt werden, die deren insgesamt 12 Schritte im Folgenden beschrieben werden.

Phase 1 – Initiierung der Investition

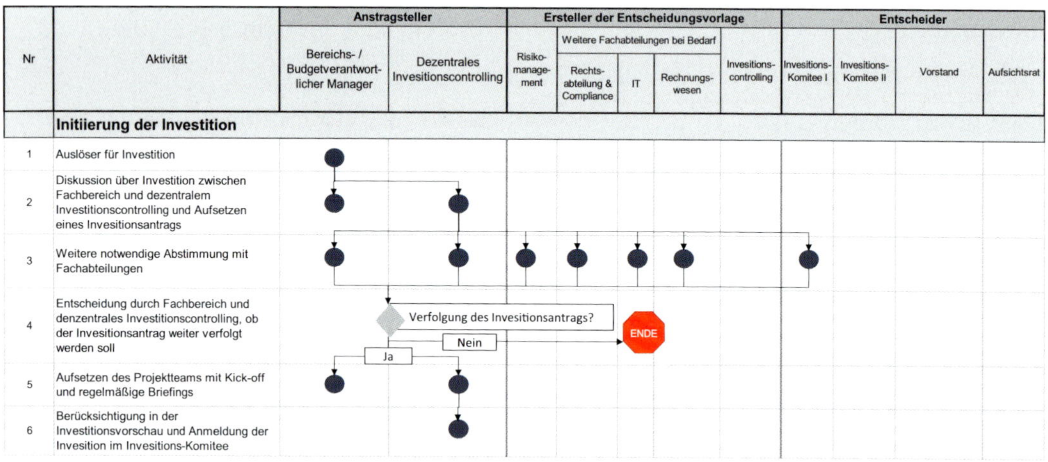

Abb. 15: Erstellung der Entscheidungsvorlage: Initiierung der Investition[99]

1. Der Auslöser einer Investitionsentscheidung kann vielseitig sein. Neue Ideen oder die Lösung bestehender Probleme sind dabei nur zwei mögliche Aspekte, die top-down durch das Management oder auf operativer Ebene den Ausgangspunkt eines Entscheidungsprozesses bilden. Dabei ist bereits zu Beginn die tiefere Auseinandersetzung mit dem eigentlichen Auslöser der Entscheidung unerlässlich. Da dieser die Tragweite der Entscheidung festlegt, bspw. durch resultierende Risiken oder Auswirkungen auf die Unternehmensstrategie, muss er klar

[99] Eigene Darstellung.

definiert werden. Ebenfalls definiert er die möglichen Handlungsalternativen, zwischen denen es durch die Entscheidungsvorlage zu wählen gilt.

2. In Zusammenarbeit mit dem dezentralen Investitionscontroller hält der bereichs-/budgetverantwortliche Manager als Antragsteller die inhaltlichen und finanziellen Komponenten der Investition fest und setzt einen Investitionsantrag auf. Dieser kann z.B. die Identifikation der für die Entscheidung notwendigen möglichen Handlungsoptionen, den strategischen Mehrwert, eine Volumenabschätzung oder Investitions- und Projektverantwortlichkeiten umfassen.
3. Je nach Umfang und Art der Investition kann an dieser Stelle die Abstimmung mit und Einbindung von weiteren Fachbereichen, wie z.B. der Rechtsabteilung oder der IT, für die initiale Vorabdiskussion des Investitionsantrags notwendig sein. Der Umfang der Einbindung richtet sich dabei – sowohl an dieser Stelle als auch im weiteren Prozess – neben der Investitionssumme insbesondere auch nach der damit verbundenen Risikoeinschätzung und deren Auswirkung auf die unternehmensweite Risikotragfähigkeit. Die konsultierten Fachabteilungen sind in vielen Fällen auch im Investitions-Komitee repräsentiert, welches im weiteren Prozessverlauf letztendlich über die Vollständigkeit und Angemessenheit der Entscheidungsvorlage urteilt. Ebenfalls erfolgt an dieser Stelle bereits eine erste Information an das Investition-Komitee, auch um die Verfügbarkeit von Investitionsbudgets abzufragen.
4. Nach dieser Phase der fachübergreifenden Erkenntnisgewinnung entscheidet der initiierende Fachbereich zusammen mit dem dezentralen Investitionscontrolling, ob der strategische und wirtschaftliche Nutzen der Investition gegeben ist – Gegenwartsverzicht zugunsten eines Zukunftsgewinns – und der Investitionsantrag weiterverfolgt werden soll. Möglicherweise könnte bereits an dieser Stelle über die Investitionen entschieden werden, wenn die Investitionssumme innerhalb der Freizeichnungsgrenze des budgetverantwortlichen Managers liegt. Da der dargestellte Prozess jedoch ein Beispiel für eine unternehmerische Entscheidung bildet und diese per Definition den Einbezug mindestens eines Vorstands oder der Geschäftsführung erfordert, sind weitere Schritte bis zu der Fertigstellung der Entscheidungsvorlage nötig.
5. Um die Entscheidungsvorlage weiter voranzutreiben, hilft das Aufsetzen eines Projektteams.
6. Zudem sollte die Investition in internen Berichten zur Investitionsplanung aufgenommen und für die Sitzung des Investitions-Komitees angemeldet werden.

Phase 2 – Vorbereitung der Entscheidungsvorlage

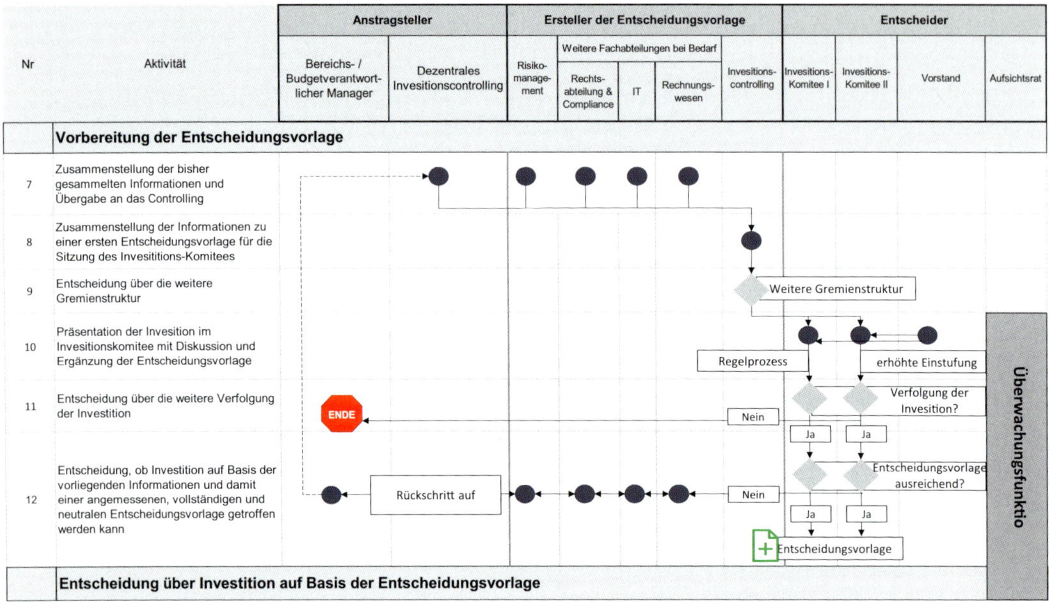

Abb. 16: Erstellung der Entscheidungsvorlage: Vorbereitung der Entscheidungsvorlage[100]

Auf Basis der bisher zusammengetragenen Informationen durch den Antragssteller beginnt die Phase der Vorbereitung der Entscheidungsvorlage.

7. Die bisher gesammelten Informationen werden an das Investitionscontrolling übergeben. Dieses überprüft und plausibilisiert die Informationen und nimmt im weiteren Verlauf die Rolle des Erstellers der Entscheidungsvorlage ein, um die Anforderung an die Neutralität bei der Erstellung zu gewährleisten. Informationen, die von den einzelnen Fachbereichen an das Investitionscontrolling gemeldet werden, können neben der Risikoanalyse aus dem Risikomanagement z.B. auch Informationen zu Abhängigkeiten und Rechtsverhältnissen (Rechtsabteilung), IT-Security Einschätzungen (IT) oder ein antizipiertes Stimmungsbild externer Stakeholder (Public Relations) enthalten.
8. Der Umfang, in welchem diese Informationen später innerhalb der Entscheidungsvorlage abgebildet werden, basiert neben dem Geschäftsverständnis auf den vom zentralen Investitionscontrolling bereitgestellten Standards und richtet sich dabei nach Investitionssumme, Risikoauswirkung oder strategischer Auswirkung. Nach Möglichkeit sollten diese Parameter deshalb bereits in der Vorabdiskussion zwischen initiierendem Fachbereich und

[100] Eigene Darstellung.

dezentralem Investitionscontrolling festgelegt werden, um eine möglichst frühe Einbindung der dafür verantwortlichen Fachbereiche zu ermöglichen. Die bei der Investition beteiligten Stakeholder sowie notwendige Kooperationen beeinflussen ebenso den Umfang und die Erstellung der Entscheidungsvorlage. Neben den in der Entscheidungsvorlage dargestellten Inhalte erfolgt ebenfalls die Zusammenstellung weiter Informationen zum Investitionsvorhaben. Diese dienen nicht nur als Hintergrundinformationen, vielmehr dokumentieren sie die Relevanz und Richtigkeit der in der Entscheidungsvorlage aufgenommenen Inhalte.

9. Auch wenn es durch die Gesetzgebung nicht verpflichtend ist, so ist der weitere Einbezug einer Instanz zur Überprüfung der Entscheidungsvorlage und der Sicherstellung der Anforderungen der Angemessenheit, Vollständigkeit und Neutralität zu empfehlen. In der Praxis kommt diese Funktion, in Abhängigkeit der Unternehmensgröße, meist einem spezifischen Investitionskomitee zu. Bestehen, wie im Beispiel erläutert, mehrere Entscheidungsinstanzen, so entscheidet das Investitionscontrolling basierend auf den zusammengestellten Projektinformationen, welche Gremienstruktur für die Investitionsentscheidung notwendig ist. Parameter wie eine, die Freigabegrenze überschreitende, Investitionssumme, hohe Risikoeinschätzung oder ein ungenügendes Verhältnis der finanziellen Mittel zum strategischen Mehrwert können dabei entscheidende Maßgaben sein und die Weitergabe in ein, vom Standardprozess abweichendes, höherrangiges Gremium erfordern. Ebenfalls kann dies notwendig sein, wenn das zu Beginn des Jahres fixierte Investitionsbudget eines Gremiums erschöpft ist, der besondere strategischer Mehrwert oder die extreme Profitabilität eine Investition jedoch rechtfertigen.
10. Im vorgesehenen Gremium wird im Anschluss, die vom Investitionscontrolling vorbereitete Entscheidungsvorlage, von der auslösenden Fachabteilung – dem Antragsteller – präsentiert.
11. Der frühe Einbezug der Fachbereiche zu Beginn des Prozesses ermöglicht dabei die detaillierte Schilderung und Diskussion des Sachverhalts sowie eine erneute Entscheidung darüber, ob die Investition weiterverfolgt werden soll.
12. Ist Letzteres der Fall, so wird über die Vollständigkeit, Angemessenheit und Neutralität der Entscheidungsvorlage durch das Gremium entschieden. Hierbei ist neben der Diskussion der Inhalte eine Prüfung der Zweckdienlichkeit und Aussage der verwendeten Grafiken zu bedenken. Sowohl in Schritt 11 als auch Schritt 12 können die vom Investitionscontrolling zusammengestellten Hintergrundinformationen (Schritt 7 / 8) zur Diskussion oder Ergänzung der Entscheidungsvorlage behilflich sein. Dabei kann sich jedoch auch herausstellen, dass die Entscheidungsvorlage noch nicht alle notwendigen Informationen enthält, die es einem rationalen Entscheider ohne wesentliche Vorkenntnisse ermöglichen, über die Investition zu entscheiden. In diesem Fall obliegt es den Fachabteilungen, dem Investitionscontrolling

weitere Informationen zur Verfügung zu stellen. Die Entscheidung über die Investition wird auf die nächste Sitzung des Investitionskomitees vertagt (Rückschritt auf Prozessschritt 7).

Sieht das Investitionskomitee die Entscheidungsvorlage als vollständig an, kann diese zur Entscheidungsfindung herangezogen werden. Dabei darf eine Genehmigung der Entscheidungsvorlage nicht mit der Zustimmung über die Investition gleichgesetzt werden. Vielmehr bildet der beschriebene Prozess durch die laufende Konkretisierung der für die Entscheidung notwendigen Informationen die Basis zu der im Anschluss stattfindenden unternehmerischen Entscheidung.

4.4 Besonderheiten bei mittelständischen und Kleinstunternehmen

Veränderungen in der Aufbauorganisation bei mittelständischen Unternehmen beeinflussen auch die Ablauforganisation zur Entstehung der Entscheidungsvorlage. Dabei besteht in mittelständischen Unternehmen meist kein dezentrales Investitionscontrolling sowie kein dezidiertes Risikomanagement, vielmehr finden sich beide Funktionen im Aufgabenbereich des Controllings wieder. In diesem Fall begleitet das Controlling ab der initialen Vorabdiskussion zusammen mit dem Fachbereich den Prozess zur Entscheidungsvorlage. Da das Controlling von Beginn ab eingebunden ist, entfällt der oben dargestellt Schritt 7 der Informationsübergabe. Jedoch ist, wie im anschließenden Kap. 4.5 diskutiert wird, auf die Neutralität und Unabhängigkeit der einzelnen Rollen (Antragsteller, Ersteller der Entscheidungsgrundlage, Entscheider) zu achten. Weitere Aufgaben für das Controlling entstehen ebenfalls durch die Vorbereitung der Risikoanalysen und Risikotragfähigkeitsbetrachtung in Zusammenhang mit der geplanten Investition. Anstelle des Investitions-Komitees kann innerhalb kleinerer Unternehmensstrukturen die Bereichsleiterrunde treten, um über die Angemessenheit, Vollständigkeit und Neutralität der Entscheidungsvorlage zu urteilen. Die letztendliche Entscheidung obliegt dabei jedoch der Geschäftsführung. In Abhängigkeit der Tragweite der strategischen Investitionsentscheidung kann der Einbezug eines Beirats als Beratungs- oder Überwachungsfunktion dienlich sein.

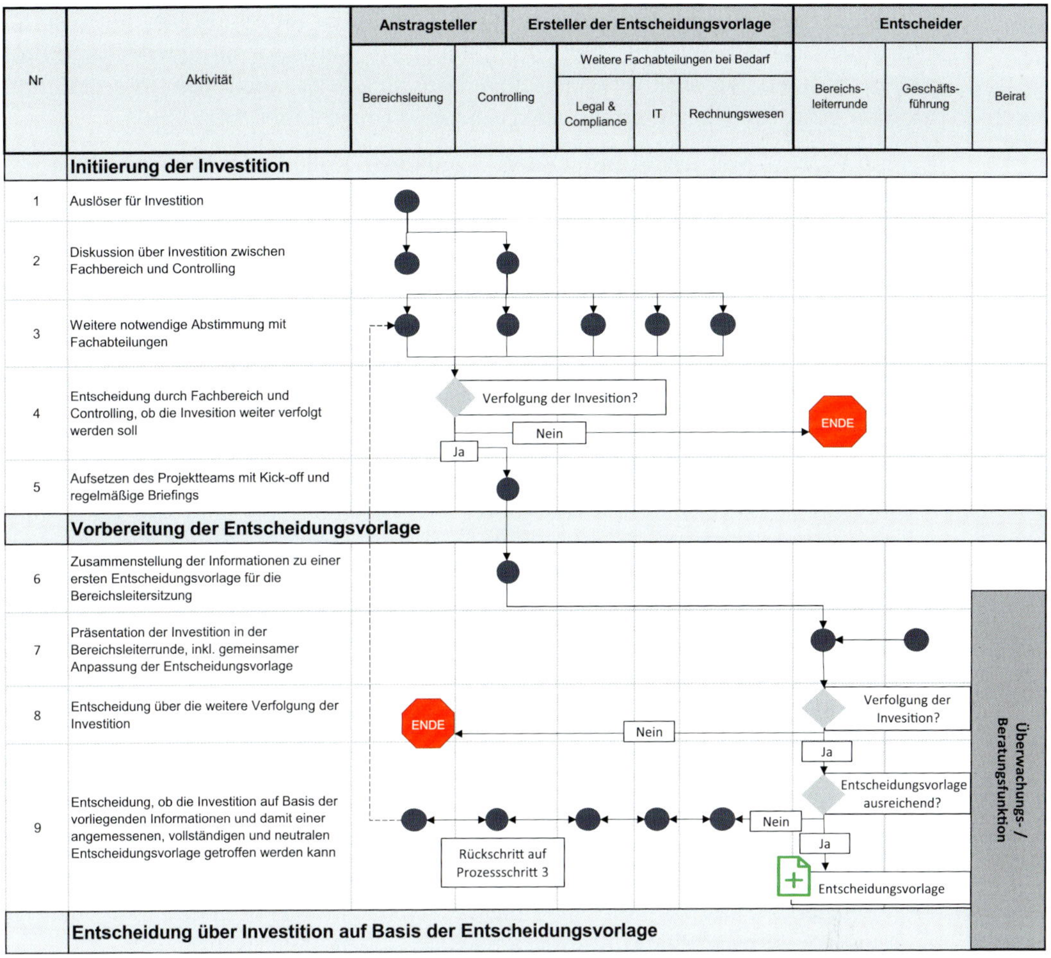

Abb. 17: Erstellung der Entscheidungsvorlage: Mittelständische und Kleinstunternehmen[101]

4.5 Zur Rolle von Controllern bei der Entscheidungsvorbereitung

4.5.1 Controller-Rollen im Rahmen der Entscheidungsfindung

Controller unterstützen Führungskräfte bei deren Arbeit. Dabei kann ihre Tätigkeit und Mitwirkung in Form verschiedener Rollen beschrieben werden. Eine Rolle beschreibt dabei angemessene Ziele und Aktivitäten für bestimmte soziale Positionen. Rollen von Controllern sind dabei „Erwartungen – was Controller und andere glauben, dass er oder sie tun sollte; Verhalten – was er oder sie tatsächlich tut, und

[101] Eigene Darstellung.

Struktur – wie die Position mit anderen verbunden ist".[102] Rollen werden im Wesentlichen durch die Erwartungen an andere Organisationsmitglieder bestimmt und beeinflusst. Sie sind sowohl selbst konstruiert als auch von internen und externen Faktoren wie Unternehmensgröße und Unsicherheit beeinflusst.

In empirischen Studien konnten drei Controller-Rollen identifiziert werden:[103] Scorekeeper, Watchdog und Business Partner. Diese sind jedoch nicht als sich ausschließend anzusehen, vielmehr kann eine Person mehrere dieser Rollen zu unterschiedlichen Zeitpunkten oder mit unterschiedlichen Rollensendern und -empfängern einnehmen. Mit Blick auf die BJR können folgende Implikationen für die verschiedenen Rollen abgeleitet werden:

- **Controller als Scorekeeper:** Hier kümmert sich der Controller um die routinemäßigen Berichtspflichten und die Verwaltung der internen Finanzsysteme einer Organisation. In dieser Rolle steht die Sicherstellung der Systeme für die Informationsbeschaffung für unternehmerische Entscheidungen im Fokus. Scorekeeper arbeiten also nicht direkt an der Erstellung von Anträgen oder Entscheidungsvorlagen. Sie bereiten aber die Basis für die Erstellung von Anträgen und Entscheidungsvorlagen vor.
- **Controller als Watchdog:** Die primäre Verantwortlichkeit eines Controllers ist es, nachgeordnete Manager hinsichtlich ihrer Einhaltung der festgelegten Leistungsstandards und internen Vorschriften zu überwachen. Dazu gehören typischerweise Abweichungsanalysen, Dokumentationen von Maßnahmen zur Gegensteuerung und das Überprüfen von Plänen. In Bezug auf die BJR trägt der Controller als Watchdog vor allem zur Überwachung der Einhaltung von Richtlinien für die Entscheidungserstellung oder -findung bei. Diese Rolle passt besonders für die Überwachung nachgeordneter Managementebenen, bspw. durch ein Zentralcontrolling in Bezug auf Bereichsmanager. Hier findet eine Qualitätssicherung von Entscheidungsvorlagen statt, da ein „Watchdog" neutral gegenüber Antragsteller und Entscheider ist.
- **Controller als Business Partner:** Von einem Controller in der Rolle des Geschäftspartners wird erwartet, dass er die Entscheidungsfindung im Management verbessert. In dieser Rolle wird die Entscheidungsunterstützung explizit angesprochen. Inwiefern dies mit der BJR vereinbar ist, richtet sich danach, für wen ein Controller arbeitet (Antragsteller oder Entscheider) und wie man diese Unterstützung konkret vonseiten der Controller und Manager interpretiert. Sofern Unternehmen den Business Partner als primäre Rolle sehen, kann es ein Spannungsfeld von enger Zusammenarbeit und Unabhängigkeit geben. Die Rolle des Business Partner impliziert eine enge Zusammenarbeit und für manche Autoren und Praktiker auch eine gemeinsame, d.h. mit dem Management geteilte Verantwortung für die Zielerreichung. Diese enge Zusammenarbeit kann in Konflikt einer auf Neutralität und auf das Wohl der

[102] Vgl. Hopper, 1980, S. 401f., eigene Übersetzung. Vgl. auch Fourné et al., 2018, S. 146ff.
[103] Vgl. Fourné et al., 2018.

Gesellschaft ausgerichteten Beurteilung von Entscheidungen des Managements geraten. Dies ist insbesondere dann anzunehmen, wenn ein Controller in die Erarbeitung eines Projektantrags eingebunden ist. Dann fehlt es regelmäßig an der notwendigen Neutralität, da ein Projektantrag, da interessengeleitet, keine Entscheidungsvorlage ist.

Eine mit dem Geschäftsleiter gemeinsame Verantwortung für die Zielerreichung kann für Controller rechtlich nicht gestützt werden, da sie weisungsgebundene Angestellte sind. Controller können jedoch Verantwortung für die Unterstützung des Managements übernehmen, insbesondere für die Zielplanung, Kontrolle der Zielerreichung und eben auch die Erstellung von Entscheidungsvorlagen. Je mehr ein Controller in Managemententscheidungen eingebunden ist, desto weniger kann er allerdings entsprechende „neutrale“ Entscheidungsvorlagen erstellen. Bei der dadurch entstehenden Aufgabenlücke ist zu fragen, wer dann diese Aufgabe übernimmt, denn übernommen werden muss sie kraft Gesetzes. Dass Controller dies tun, ist nicht zwingend, da hier eine Organisationsfreiheit des Managements besteht.

Angenommen, ein Controller würde an der Antragstellung mitwirken (s. Abb. 18), entstünde ein Konflikt zwischen Entscheidungsunterstützung und Unabhängigkeit. Derselbe Controller kann dann nicht aus dem mit seiner Hilfe erarbeiteten Antrag eine Entscheidungsvorlage erstellen. Ein Business Partner des Antragstellers kann nicht zugleich Entscheidungsvorlagen erstellen.

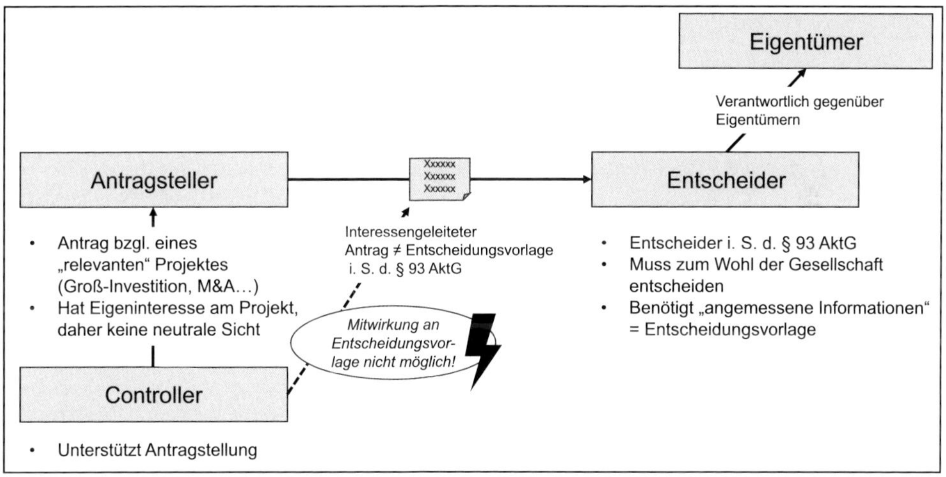

Abb. 18: Spannungsfeld zwischen Erstellung Anträge und Entscheidungsvorlage (I)

Sehr wohl kann ein Controller als Business Partner des Entscheiders tätig sein und in dieser Rolle die Projektanträge anderer (!) Manager in Entscheidungsvorlagen überführen und kritisch prüfen, wie das Schema in Abb. 19 illustriert:

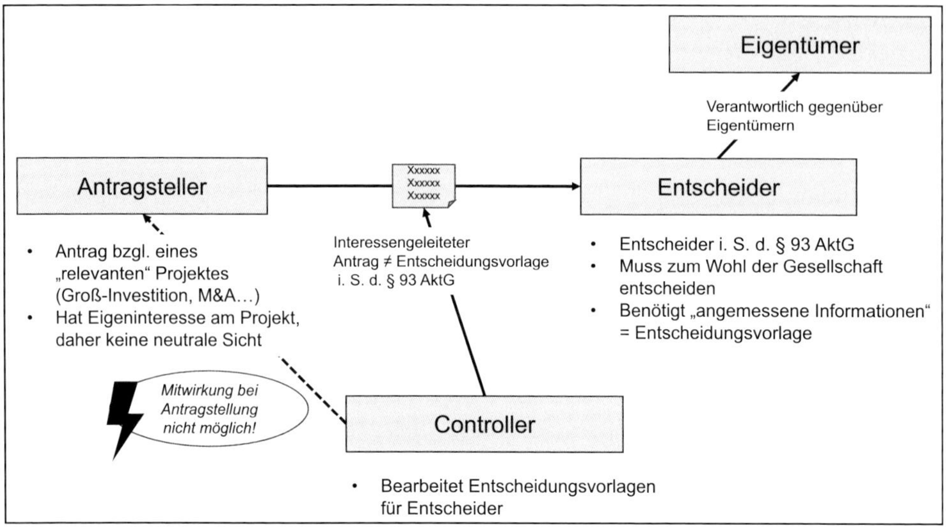

Abb. 19: Spannungsfeld zwischen Erstellung Anträge und Entscheidungsvorlage (II)

Aus der Diskussion um die BJR und Controller-Rollen lassen sich mehrere Anforderungen an Aufgaben- und Stellenbeschreibungen von Controllern ableiten:

- Aus der Unterstützung von unternehmerischen Entscheidungen im Sinne des § 93 AktG ergibt sich die notwendige Kompetenzanforderung zur **Erstellung von Entscheidungsvorlagen** für unternehmerische Entscheidungen.
- Zur quantitativen Darstellung der Konsequenzen und damit der Chancen und Risiken unternehmerischer Entscheidungen benötigt der Controller eine spezifische **Methoden- und Anwendungskompetenz**, insbesondere in Bezug auf den Einsatz der Monte-Carlo-Simulation bei Planungsrechnungen (Szenarien-, Bandbreitenplanung, Risikoaggregation).
- Der Controller muss Prozesse und Systeme zur Unterstützung und Dokumentation unternehmerischer Entscheidungen entwickeln, implementieren und sicherstellen und benötigt daher entsprechende Kompetenzen zur **Prozess- und Systemgestaltung.**
- Der Controller muss zudem im Auftrag der Geschäftsführung Kriterien und Richtlinien zur **Qualitätssicherung** von Entscheidungsvorlagen erarbeiten und durchsetzen.

4.5.2 Zusammenarbeit des Controllings mit Risikomanagement, Revision und Aufsichtsgremien

Ausgehend vom Modell der drei „Verteidigungslinien" kooperieren Controlling und Risikomanagement in der zweiten Linie z.B. bei der Erfassung, Bewertung und Aggregation von Risiken und Chancen.[104] Da diese gerade bei unternehmerischen Entscheidungen auftreten, ist eine enge Zusammenarbeit auch bei der Erfüllung der Anforderungen der BJR angeraten. Allerdings ist zu beachten, dass eine Trennung der Unterstützung bei der Antragstellung und bei der eher neutralen Erstellung von Entscheidungsvorlagen für unternehmerische Entscheidungen erfolgen sollte. Diese Anforderungen setzt Grenzen für eine enge Zusammenarbeit von Controlling und Risikomanagement, sofern Controller in die Antragstellung involviert sind.

Die interne Revision als Bestandteil der 3. Verteidigungslinie soll davon unabhängig Kontrollen durchführen und den Prozess der Entscheidungsvorbereitung und -findung auf Übereinstimmung mit der BJR prüfen. Aufsichtsgremien (Aufsichtsrat, Beirat u.ä.) sollen gemäß § 111 AktG sowie DCGK 5.1.1. die Geschäftsführung beraten und überwachen. Nicht zuletzt können Entscheidungen des Vorstands auch unter Vorbehalt der Zustimmung durch den Aufsichtsrat stehen. Insofern sind die Empfänger von Entscheidungsvorlagen sowohl die Geschäftsführung als auch Aufsichtsgremien.

4.5.3 Rollengestaltung durch Controller und Manager

Es wurde oben schon deutlich, dass die rechtlichen Bestimmungen einen Rahmen setzen, die konkrete Ausgestaltung der Zusammenarbeit zwischen Managern und Controllern jedoch Gestaltungsmöglichkeiten bietet. Diese Gestaltung hängt von den wechselseitigen Erwartungen ab. Sie findet ihre Grenzen bzgl. der BJR darin, dass Controller nicht die Verantwortung für Entscheidungen, wohl aber für die angemessene Entscheidungsvorbereitung und die Qualität der Entscheidungsvorlage übernehmen. Die Verantwortung über die Entscheidung verbleibt bei der Geschäftsführung.

Die Diskussion über die Frage, wer Entscheidungsvorlagen erstellt und prüft, ist zentral für die Sicherstellung der Anforderungen der BJR. Entscheidungen enden jedoch nicht damit. Der weitere Weg nach der Erstellung von Entscheidungsvorlagen ist natürlich entscheidend für unternehmerisches Handeln. Es geht dabei nicht um eine formale Absicherung („Checklisten-Mentalität"), sondern um eine materielle Dokumentation und nachweisliche Diskussion von Entscheidungen.

4.6 Fazit

Während im Grundsatz die rechtliche Konstruktion gilt, nach der Geschäftsleiter unternehmerische Verantwortung tragen und Mitarbeiter wie bspw. Controller ihnen zuarbeiten, aber keine finale Entscheidungsverantwortung haben, kann im konkreten Fall die Ausgestaltung sehr unterschiedlich sein. Zum einen hängt eine Zuordnung von Aufgaben und Verantwortungen von Kontextfaktoren wie

[104] Vgl. weiterführend Gleißner, 2020, S. 24.

Rechtsform, Unternehmensgröße, Eigentümerstruktur und Organisationsstruktur ab. Zum anderen hat die Geschäftsleitung hier auch eine Organisationsfreiheit, die sie im konkreten Fall ausüben muss. Für Controller bietet die BJR und die damit einhergehenden Aufgaben auch die Möglichkeit des „role making", der aktiven Gestaltung von Tätigkeiten, Interaktion und Verantwortung. Dies insbesondere, da vor allem Routine-Aufgaben durch die Digitalisierung tendenziell automatisiert werden.

5 Umgang mit typischen Problemen

Nachfolgend werden typische Problemfelder vorgestellt, die in der Unternehmenspraxis bei der Entscheidungsvorbereitung auftreten:

1. Eine unternehmerische Entscheidung wurde bereits getroffen (und wird umgesetzt), ohne dass eine schriftliche Entscheidungsvorlage vorgelegen hat.

   Unternehmerische Entscheidungen ohne Entscheidungsvorlage sind grundsätzlich sehr riskant. Die Unternehmensführung kann dann nicht mehr nachweisen, dass die Entscheidung auf Grundlage „angemessener Informationen" durchgeführt wurde. Es ist daher grundsätzlich ratsam,

   - zu definieren, welche Managemententscheidungen in einem Unternehmen unternehmerische Entscheidungen sind und ggf. einen entsprechenden Schwellenwert festlegen,
   - eine Liste typischer unternehmerischer Entscheidungen zu erstellen (s. Beispiele in Kap. 2.3) und
   - durch einen definierten Prozess der Entscheidungsvorbereitung zu gewährleisten, dass keine unternehmerische Entscheidung ohne Entscheidungsvorlage erfolgt.

2. Zur Entscheidung liegt nur ein „Antrag" vor, der nicht durch eine neutrale Stelle zu einer neutralen Entscheidungsvorlage umgearbeitet bzw. bewertet wurde.

   Neben der Angemessenheit der Entscheidungsvorbereitung sowie der Vollständigkeit und Qualität der Informationen zu Handlungsoptionen ist die Neutralität einer Entscheidungsvorlage die dritte zentrale Anforderung. Anträge von durch die Handlungsoption profitierenden Stellen können nicht neutral sein, da es hier zu Konflikten zwischen den individuellen Interessen des Antragstellers, z.B. der Steigerung seines Prestiges oder seiner Boni, und den Interessen des Unternehmens kommen kann. Daher sind Anträge, die quasi „alternativlos" nur eine Handlungsoption beschreiben, nur deren Vorteile und Chancen in den Mittelpunkt rücken (und Risiken und Nachteile ignorieren) oder bei denen offensichtlich ist, dass der Antragsteller ein Eigeninteresse am Entscheidungsgegenstand hat, nicht als Entscheidungsvorlage geeignet.

3. Die für die Erstellung von Entscheidungsvorbereitung notwendigen, personellen Ressourcen (in Controlling und Risikomanagement) stehen nicht im erforderlichen Umfang zur Verfügung, um bis zum geplanten Entscheidungszeitpunkt eine angemessene Entscheidungsvorlage zu erzeugen.

   Es sollte zumindest klar dokumentiert sein, wenn ein derartiges Problem besteht. Defizite in der Entscheidungsvorbereitung und Entscheidungsvorlage, die aus solchen Ressourcenproblemen entstehen, sollten in der Entscheidungsvorlage auch angegeben sein. Auf bestehende Mängel ist hinzuweisen (s. 4.). Je größer der Umfang von Mängeln, desto eher wird man im Nachhinein Probleme haben zu beweisen, dass zur Entscheidungssituation tatsächlich „angemessene Informationen" vorlagen (s. Kap. 2.4 und die Checklisten in Anhang 2 und 3). Um hier gravierende Defizite, z.B. bei der Risikoanalyse, zu vermeiden, ist damit insbesondere zu prüfen, inwieweit auch externe Ressourcen (z.B. Gutachter, Berater etc.) einbezogen werden können.

4. Aufgrund des hohen Zeitdrucks erscheint es unrealistisch, eine Entscheidungsvorlage angemessener Qualität zu erstellen.

   Bei sehr hohem Zeitdruck kann es angemessen sein, die informationelle Fundierung in der Entscheidungsvorbereitung und Entscheidungsvorlage zu reduzieren. Zu belegen ist dann aber, dass tatsächlich ein solcher Zeitdruck bestand und das Aufschieben der Entscheidung – letztlich auch eine Entscheidung – für das Unternehmen besonders nachteilig ist. Bei hohem Zeitdruck sollte dennoch versucht werden, im bestehenden zeitlichen Rahmen eine bestmögliche Entscheidungsvorlage zu erzeugen. Mögliche Defizite sind zu dokumentieren und die Unternehmensführung muss entscheiden, ob sie in Anbetracht der Defizite in der Entscheidungsvorbereitung und der daraus resultierenden persönlichen Risiken eine Entscheidung treffen möchte.

5. Die Entscheidungsvorlage weist gravierende Mängel auf (gemessen an Checkliste in Anhang 3).

   Den Entscheidern in Vorstand und Geschäftsführung liegt eine Entscheidungsvorlage vor, die zum Entscheidungszeitpunkt (z.B. einer Geschäftsführungssitzung) gravierende Mängel aufweist. Eine „angemessene Informationsversorgung" kann mit dieser Vorlage nicht belegt werden kann. Die Geschäftsführung sollte die Entscheidung aufschieben und eine Verbesserung der Entscheidungsvorbereitung und Entscheidungsvorlage bis zu einem späteren Entscheidungstermin einfordern. Ist dies nicht möglich und trifft das Management auf der unzureichenden Informationsgrundlage eine Entscheidung, kann es bei später eintretenden Schäden oder wirksam gewordenen Risiken, die in der Entscheidungsvorlage nicht genannt sind, Haftungsrisiken ausgesetzt sein. Je gravierender die Defizite der Informationsgrundlage sind, desto schwächer ist die Fundierung der unternehmerischen Entscheidung und desto größer die Risiken in Bezug auf mögliche Sorgfaltspflichtverletzungen und Schadensersatzansprüche, denen die Unternehmensführung ausgesetzt ist.

6. Die Entscheidungsvorlage enthält keine Risikoanalyse (bzw. nur eine qualitative Risikoeinschätzungen).

   In Anbetracht der Unsicherheit der Auswirkungen unternehmerischer Entscheidungen ist die Risikoanalyse der zentrale Baustein einer Entscheidungsvorlage. Die Unternehmensführung muss wissen, welche Risiken mit ihrer Entscheidung verbunden sind und wie sich der gesamte Risikoumfang des Unternehmens durch die Entscheidung verändern würde. Das Fehlen einer Risikoanalyse wird bei Entscheidungen, die mit signifikanten Risiken verbunden sind, potenziell als Sorgfaltspflichtverletzung zu interpretieren sein. Spätere negative Auswirkungen durch eingetretene Risiken sind dann für die Unternehmensführung problematisch. Eine Entscheidungsvorlage ohne Risikoanalyse sollte deshalb keinesfalls Grundlage einer Entscheidung sein.

7. Die Qualität der Risikoanalyse ist unklar oder zweifelhaft.[105]

   Es empfiehlt sich grundsätzlich, speziell die Qualität der Risikoanalyse der verschiedenen Handlungsoptionen zu prüfen. Für den Entscheider ist es problematisch, wenn nach einer Entscheidung negative Auswirkungen durch Risiken auftreten, die in der Entscheidungsvorlage gar nicht genannt wurden (oder in einem Umfang eingetreten sind, der aufgrund der Risikoquantifizierung nicht plausibel erscheint). Bei Entscheidungen von größerer Bedeutung und hohen Risiken ist zu empfehlen, eine schwache oder unklare Risikoanalyse zu verbessern. Insbesondere sollte sichergestellt werden, dass durch eine systematische Identifikation die wesentlichen Risiken, die sich insbesondere aus den unsicheren Planannahmen ableiten lassen, erfasst sind. Kein Problem stellt es dagegen dar, wenn die Risikoquantifizierung sich primär auf subjektive Expertenschätzungen stützt. Wenn andere Risikoeinschätzungen nicht zu „angemessenen" Kosten zu erhalten sind, sind subjektive Expertenschätzungen aus dem Unternehmen akzeptabel. Es gilt immer der Grundsatz, dass die besten verfügbaren Informationen bei der Risikoquantifizierung in angemessenem Umfang Berücksichtigung finden sollen. Empfehlenswert ist, bestehende Lücken in der Risikoquantifizierung durch subjektive Expertenschätzungen zu schließen und die Expertenschätzungen adäquat zu dokumentieren.

   Oft erfolgt in den Unternehmen die Quantifizierung der Risiken noch anhand von Eintrittswahrscheinlichkeit (p) und Schadenshöhe (SH). Die beiden Parameter werden dann in sogenannten „Risiko-Portfolios" bzw. „Risk-Maps" gegeneinander abgetragen. Die mittlere Ergebnisbelastung aus einem Risiko der Zahlung, der Erwartungswert E(X), berechnet sich als Produkt dieser beiden Parameter:

   $$E(X) = SH \times p$$

[105] Vgl. Gleißner, 2019b, S. 33.

Häufig wird dieser „Schaden-Erwartungswert" als Maßstab für die Bedeutung eines Risikos verwendet. Risikomaße sollen mögliche Planabweichungen ausdrücken. Der Erwartungswert zeigt, was „im Mittel" passiert und ist somit kein geeignetes Risikomaß, zumal das Risiko dann nicht mit seinem Erwartungswert, sondern der vollen Schadenshöhe eintritt.

8. Für die Risikoanalyse stehen (fast) nur subjektive Expertenschätzungen zur Verfügung (und keine Studien etc.).

   Wie bereits erläutert, ist aufgrund unvollständiger Informationen eine vollständige Objektivität bei der Planung, der Festlegung der Annahmen sowie der Risikoanalyse nur schwer zu erreichen. Entscheidungen umfassen somit unvermeidlich subjektive Elemente. Es ist also nicht der primäre Anspruch an eine Entscheidungsvorlage, vollständig objektiv zu sein. Stattdessen werden Nachvollziehbarkeit, Transparenz und Neutralität als wesentliche Anforderungen formuliert. Bei der Verwendung subjektiver Expertenschätzungen ist anzugeben und idealerweise auch zu dokumentieren, welche Experten diese Schätzung abgegeben haben, auf welcher Datengrundlage die Experten zu ihren Schätzungen kamen und wie die Expertenschätzungen verbunden wurden. Es gibt damit keinen so schlechten Informationsstand über Chancen und Risiken, dass aufgrund dessen die Erstellung einer Risikoanalyse in einer Entscheidungsvorlage nicht möglich wäre. Es ist zu beachten, dass eine schlechte Datenqualität letztlich auch ein Aspekt des Risikos ist und z. B. größere Bandbreiten für unsichere Annahmen in der Entscheidungsvorlage erfordert.

9. Es existieren zwar angemessene Entscheidungsvorlagen, die Entscheidungsträger in Vorstand bzw. Geschäftsführung folgen bei ihren Entscheidungen jedoch nicht den dort begründeten Handlungsempfehlungen.

   Grundsätzlich fordert die BJR, dass „angemessene Informationen" bei einer unternehmerischen Entscheidung vorliegen. Damit richtet sich die primäre Anforderung auf die Entscheidungsvorbereitung, nicht auf die Entscheidung selbst. Der Gesetzgeber möchte sicherstellen, dass zumindest die für die Entscheidung relevanten Informationen vorlagen und gezeigt wird, wie diese in der Entscheidungsvorbereitung Berücksichtigung gefunden haben (also z. B., wie Risiken in die Entscheidungsvorbereitung einflossen). Die eigentliche unternehmerische Entscheidung kann von den Vorschlägen der Entscheidungsvorlage abweichen. Es ist zumindest empfehlenswert, eine abweichende Entscheidung von Vorstand oder Geschäftsführung zu begründen. Eine abweichende Entscheidung ist aus gesetzlicher Perspektive kein Problem. Allerdings ist der Ermessens- und Entscheidungsspielraum nicht „beliebig". Es muss insbesondere noch erkennbar sein, dass die mit der Entscheidung verbundenen Risiken akzeptabel sind.[106]

[106] Vgl. Graumann et al., 2009, S. 492 ff.

10. Ein Entscheidungsträger hat eine unternehmerische Entscheidung „für sich" bereits getroffen und wünscht nun eine Entscheidungsvorlage, die diese Entscheidung rechtfertigt.

    Keinesfalls darf nachträglich eine Entscheidungsvorlage konstruiert und zurückdatiert werden. Ein solches Vorgehen kann strafrechtliche Konsequenzen haben. Möglich ist, einfach nichts zu tun und zu hoffen, dass durch die Entscheidung keine Schäden entstehen und kein Gesellschafter die einmal getroffene unternehmerische Entscheidung infrage stellt. Alternativ kann man basierend auf in der Zwischenzeit vorliegenden neuen Informationen eine neue Entscheidungsvorlage erstellen, um z.B. die Entscheidung zu untermauern, beispielsweise ein Projekt (1) wie bisher fortzusetzen, (2) in einer definierten Weise zu verändern oder (3) das Projekt abzubrechen. Damit hat man zumindest zum neuen Entscheidungszeitpunkt eine adäquate Informationsgrundlage.

11. Ein Projekt oder eine Investition ist bereits in der Unternehmensplanung genannt. Es ist unklar, ob eine eigenständige Entscheidungsvorlage zu erzeugen ist.

    Es ist grundsätzlich wichtig, bei jeder Entscheidungsvorlage festzulegen, über was tatsächlich entschieden wurde und über was nicht (s. speziell zur Unternehmensplanung Kap. 2.5).[107] Die Entscheidung über die Unternehmensplanung ist eine unternehmerische Entscheidung, wenn durch diese Budgets oder Projekte freigegeben wurden. Für alle dazu eingeplanten Aktivitäten und Projekte sollte festgehalten werden, ob

    - diese bereits früher durch eine unternehmerische Entscheidung oder
    - durch die Unternehmensplanung (Jahresbudget) freigegeben wurden oder
    - zwar in der Unternehmensplanung als „wahrscheinlich" berücksichtigt wurden, aber eine unternehmerische Entscheidung über die jeweiligen Projekte noch ansteht, für die dann eine eigene Entscheidungsvorlage erstellt wird.

12. Ein durch eine unternehmerische Entscheidung initiiertes Projekt soll z.B. wegen eingetretener Planabweichungen oder neuen Informationen deutlich anders als ursprünglich in der Entscheidungsvorlage vorgesehen durchgeführt werden.

    Die Entscheidungsvorlage sollte grundsätzlich regeln, in welchem Rahmen, d.h. unter welchen Annahmen und Bedingungen, ein Projekt durchgeführt werden kann. Die Entscheidung bezieht sich also auf genau das, was in der Entscheidungsvorlage steht, wobei für die wesentlichen Annahmen und Planwerte durchaus Bandbreiten und Korridore angegeben werden können. Es gilt der Grundsatz, dass eine unternehmerische Entscheidung nur durch eine neue unternehmerische Entscheidung geändert werden kann. Grundlegende Pro-

[107] Vgl. Gleißner, 2021, S. 17ff.

jektänderungen bedürfen dann einer neuen unternehmerischen Entscheidung und damit einer Entscheidungsvorlage.

6 Weiterführende Aspekte

Thema dieses Leitfadens sind Entscheidungsvorlagen für die Unternehmensführung, die zur Erfüllung ökonomischer und gesetzlicher Anforderungen erforderliche Inhalte und der Weg für deren Erstellung. Er richtet sich damit insbesondere an Controller, die meist maßgeblich mit der Vorbereitung von Managemententscheidungen, insbesondere den durch die Geschäftsleitung zu treffenden „unternehmerischen Entscheidungen" im Sinne der Business Judgement Rule (BJR) befasst sind. Die Vorbereitung solcher Entscheidungen und damit die Erstellung von Entscheidungsvorlagen ist verknüpft mit einer Reihe angrenzender Themen, die in diesem Leitfaden nicht näher behandelt, aber hier zumindest kurz skizziert werden sollen. Wie erläutert, ist zwischen der Vorbereitung einer Entscheidung und damit der Erstellung der Entscheidungsvorlage einerseits und der eigentlichen Entscheidung klar zu unterscheiden. Wegen der typischen Arbeitsteilung ist es oft das Controlling, das Entscheidungsvorlagen erstellt, während Vorstände oder Geschäftsführer die Entscheidung treffen. Vorstände und Geschäftsführer haben dabei auch bereits Einfluss auf die Entscheidungsvorlage, weil die dort enthaltenen, meist unsicheren Annahmen vom Entscheider als plausibel und ausreichend fundiert akzeptiert werden müssen. Dennoch ist der eigentliche Prozess der Entscheidungsfindung basierend auf einer vorgelegten Entscheidungsvorlage eigenständig zu betrachten.

Die psychologische Forschung zeigt, dass für die letztendlich getroffene Entscheidung eine Vielzahl von Sachverhalten maßgeblich sind und gerade bei komplexen Entscheidungen häufig auch Fehler festzustellen sind.[108] Eine gut vorbereitete und aussagefähige Entscheidungsvorlage ist ein wichtiges Hilfsmittel, um die Qualität der Entscheidung selbst zu verbessern. Aber auch eine sehr gut vorbereitete Entscheidungsvorlage ist keine Garantie dafür, dass die Entscheidung selbst im Sinne des Unternehmens „perfekt" ist. Persönliche Interessen der Entscheider, die z.B. im Rahmen der Prinzipal-Agent-Theorie behandelt werden, fachliche Defizite der Entscheider, die zu einer Fehlinterpretation von vorgelegten Informationen führen können, und eine Vielzahl sogenannter psychologischer „Biases" sind wesentliche Herausforderungen bei der Entscheidungsfindung selbst. Diese wichtige Phase der Entscheidungsfindung und die ebenso wichtige Umsetzung einer einmal getroffenen Entscheidung sind eigenständige Themen, die in diesem Leitfaden nur angerissen wurden.

Die Entscheidungsvorbereitung ist mit einer ganzen Reihe weiterer Themen verbunden, die hier auch nicht näher behandelt werden können. So ist es bspw. die Aufgabe der Informationssysteme eines Unternehmens, die für eine gute Entschei-

[108] Vgl. z.B. Dörner, 2011.

dungsvorbereitung erforderlichen Informationen möglichst umfassend und effizient bereitzustellen. Auch das Informationsmanagement des Unternehmens und die für die Entscheidung wichtigen technischen Hilfsmittel, z. B. die Business Intelligence Systeme, können in diesem Leitfaden nicht näher betrachtet werden.

Für die Datenaufbereitung und die Vorbereitung mancher Entscheidungen zunehmend wichtigeren Methoden aus den Themenfeldern Digitalisierung, Big Data oder Business Analytics haben auch enge Bezüge zur Entscheidungsvorbereitung. Sie bieten aber im Wesentlichen neue technologische Möglichkeiten der Datenaufbereitung. Gerade bei komplexen unternehmerischen Entscheidungen, für die es keine große Anzahl historischer Vergleichsfälle gibt, werden auch maschinelle Lernsysteme, neuronale Netze oder künstliche Intelligenz Menschen auf absehbare Zeit bei der Entscheidungsvorbereitung nicht ersetzen können. Sie können aber helfen, vorhandene Daten besser auszunutzen und z. B. bei der Erstellung von erwartungstreuen Prognosen unterstützen.

Auch nicht näher betrachtet wird in diesem Leitfaden, wie in einem Unternehmen ein möglichst wirksames Regelwerk zur Vorbereitung unternehmerischer Entscheidungen entwickelt und implementiert werden kann.[109] Ein solches System, das z. B. bestehende Controlling- und Risikomanagementsysteme verbinden und ergänzen kann, ist wichtig, um bei allen anstehenden unternehmerischen Entscheidungen zeitgerecht zu adäquaten Entscheidungsvorlagen zu gelangen. Die erstmalige Implementierung eines solchen Systems zur Vorbereitung unternehmerischer Entscheidungen ist als ein eigenständiges Projekt zu interpretieren. Ohne auf die Durchführung solcher Projekte hier näher eingehen zu können, sei nur die Grundstruktur kurz skizziert: Bei der Schaffung eines Regelwerks zur Vorbereitung unternehmerischer Entscheidungen ist es sinnvoll zunächst einmal zu definieren, was man im Unternehmen als „unternehmerische Entscheidung" versteht und welche Typen unterschiedlicher unternehmerischer Entscheidungen vorkommen (also z. B. Investitionsentscheidung, Entscheidung über die Finanzierung, Großprojekte mit Kunden, Strategie-Veränderungen etc.). Im nächsten Schritt sollten die Inhalte aller Entscheidungsvorlagen möglichst klar definiert werden, wobei man sich hier an den Vorgaben dieses Leitfadens orientieren kann. Für spezielle Typen von Entscheidungen – z. B. Akquisitionsentscheidungen – können dann spezifische Varianten solcher Entscheidungsvorlagen vorbereitet werden. Anschließend sollte durchdacht und schriftlich geregelt werden, wie genau der Prozess bei der Vorbereitung einer unternehmerischen Entscheidung aussieht. Dabei ist z. B. festzulegen, wer im Unternehmen grundsätzlich die Verantwortung für die Entscheidungsvorlage hat und zu welchem Zeitpunkt andere Instanzen des Unternehmens einzubeziehen sind (also wann z. B. das Risikomanagement mit einer Risikoanalyse bei der Entscheidungsvorbereitung unterstützt). Schließlich empfiehlt es sich auf die Vielzahl in der Praxis immer wieder vorkommenden Probleme frühzeitig nach Antworten zu suchen (s. dazu Kap. 5). Wie die konkrete Ausgestaltung des Regelwerks zur Vorbereitung unternehmerischer Entscheidungen aussieht,

[109] Vgl. dazu Kottbauer, 2020.

ist sehr unternehmensspezifisch, die in Kap. 4 vorgestellten Lösungen zeigen aber beispielhafte Lösungen.

7 Fazit und Ausblick

Dieser Leitfaden des Internationalen Controller Vereins erläutert ökonomische und rechtliche Anforderungen an Entscheidungsvorlagen für die Unternehmensführung und zeigt auf, wie angemessene Vorlagen erstellt werden können. Das Thema ist von zentraler betriebswirtschaftlicher Bedeutung, da der Erfolg eines Unternehmens ganz wesentlich von den unternehmerischen Entscheidungen abhängt, die Vorstände oder Geschäftsführer treffen. Entsprechend ist es nachvollziehbar, dass der Gesetzgeber über die Business Judgement Rule für Aktiengesellschaften gewisse Mindestanforderungen an die Vorbereitung solcher Entscheidungen vorgegeben hat, die aber grundsätzlich natürlich auch für Unternehmen mit anderen Rechtsformen relevant sind.

Was sollte eine gute Entscheidungsvorlage also beinhalten? Für uns als Autoren des vorliegenden Leitfadens ist neben einer klaren Empfehlung die präzise Darstellung von Zielsetzung, Ausgangssituation, Nebenbedingungen, Beurteilungsmaßstab, zugrundeliegenden Annahmen und relevanten Handlungsoptionen essenziell. Für jede Option müssen zudem die zu erwartenden Auswirkungen sowie die mit ihr verbunden Chancen und Risiken angemessen dokumentiert werden. Dabei kommt nicht zuletzt der entscheidungsvorbereitenden Risikoanalyse eine zentrale Bedeutung zu.

Dem Controlling als zentraler Instanz der betriebswirtschaftlichen Rationalitätssicherung obliegt es, die Qualität der Vorlage sicherzustellen. Dabei müssen noch weitere Anforderungen berücksichtigt werden: die zu Grunde liegende Argumentation muss nachvollziehbar und nicht durch Partikularinteressen gefärbt sein, die Aufbereitung sollte sich auch an den Bedürfnissen der Entscheider orientieren und nicht zuletzt muss der Prozess der Erstellung dem Wirtschaftlichkeitsprinzip gerecht werden. Größere und riskantere Investitionen rechtfertigen mehr Aufwand als kleinere und mit weniger Risiko behaftete Vorhaben.

Zu guter Letzt sei festgehalten, dass trotz Business Judgement Rule nicht alles von der Unternehmensführung entschieden werden muss. Gerade in einem durch Volatilität, Unsicherheit, Komplexität und Ambiguität geprägten Umfeld ist es häufig von zentraler Bedeutung, dezentrale Entscheidungskompetenzen zu stärken und klar festzulegen, bis zu welcher Schwelle eine formale Entscheidungsvorlage nicht erforderlich ist.

8 Anhang

8.1 Anhang 1: Wahrscheinlichkeitsverteilungen zur Abbildung von Risiken

Die wichtigsten **Verteilungsfunktionen** im Rahmen des Risikomanagements sind die Binomialverteilung, die Normalverteilung und die Dreiecksverteilung. Diese Verteilungen beschreiben dann meist die monetären Auswirkungen des Risikos in einem Jahr und damit integriert die Häufigkeit des Eintretens und die Höhe der Auswirkungen des Risikos.

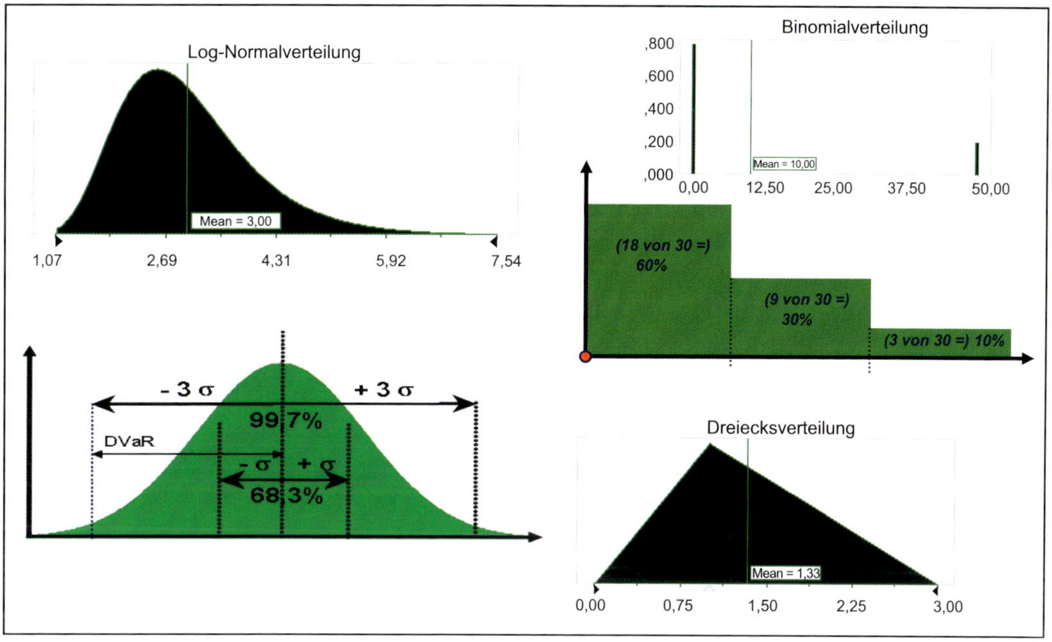

Abb. 20: Wahrscheinlichkeitsverteilungen[110]

In der Praxis wird häufig die einfache **Binomialverteilung** verwendet, die ein Risiko durch seine Schadenshöhe und seine Eintrittswahrscheinlichkeit beschreibt. Die Binomialverteilung ist angemessen, wenn man „ereignisorientierte Risiken" betrachtet. Bei diesen kann man näherungsweise davon ausgehen, dass das entsprechende Risiko genau einmal in einem Jahr mit der Wahrscheinlichkeit *p* eintritt und dann einen Schaden zur Konsequenz hat. Typische Anwendungsfälle sind der Verlust eines Schlüsselkunden, der Brand in einer Fabrik oder der Ausfall einer kritischen Maschine. Ereignisorientierte Risiken sind damit entweder „Chance" oder „Gefahr" – aber nicht beides zugleich. Kann ein Ereignis mehr als einmal innerhalb

[110] Gleißner, 2017, S. 175.

eines Jahres eintreten, benötigt man dagegen die Poissonverteilung oder eine allgemeine Binomialverteilung ($n > 1$).

Risiken, die Chance und Gefahr zugleich darstellen, können durch die **Normalverteilung** beschrieben werden. Für deren Spezifikation benötigt man den Erwartungswert, der als Lageparameter aussagt, was „im Mittel" passiert, und die Standardabweichung, die den Umfang „üblicher" positiver oder negativer Abweichungen spezifiziert. Die Normalverteilung findet insbesondere zur Beschreibung von Risiken Anwendung, die man als Verdichtung vieler einzelner kleiner (und unabhängiger) Einzelereignisse auffassen kann, wie z. B. für Nachfrageschwankungen, Umsatzschwankungen, Zinsänderungs- und Währungsrisiken, Aktienrenditen sowie Rohstoffpreisänderungen (also „marktbezogene" Risiken).

Für die Beschreibung von asymmetrischen Risiken, die entweder einen Chancen- oder einen Gefahrenüberhang aufweisen, kann man im einfachsten Fall eine **Dreiecksverteilung** verwenden. Bei dieser wird eine risikobehaftete Variable (z. B. die Kosten eines Projektes) durch ihren (a) Mindestwert, (b) wahrscheinlichsten Wert und (c) Maximalwert beschrieben. Beispiele für derartige Variablen sind der Marktanteil, die Personalkosten oder die Höhe der Investitionen.

Oft ermöglicht nur eine Kombination von Wahrscheinlichkeitsverteilungen eine adäquate Beschreibung eines Risikos, z. B. wenn einem ereignisorientierten Risiko zwar eine bestimmte Eintrittswahrscheinlichkeit zugeordnet werden kann, seine Schadenshöhe aber unsicher ist. Abb. 21 zeigt ein Beispiel, in dem ein Schaden S mit $p = 10\ \%$ eintritt und der unsichere Schaden dann durch eine Dreiecksverteilung mit $a = 10$ (Mindestwert), $b = 20$ (wahrscheinlichstem Wert) und $c = 60$ (Maximalwert) beschrieben werden kann.

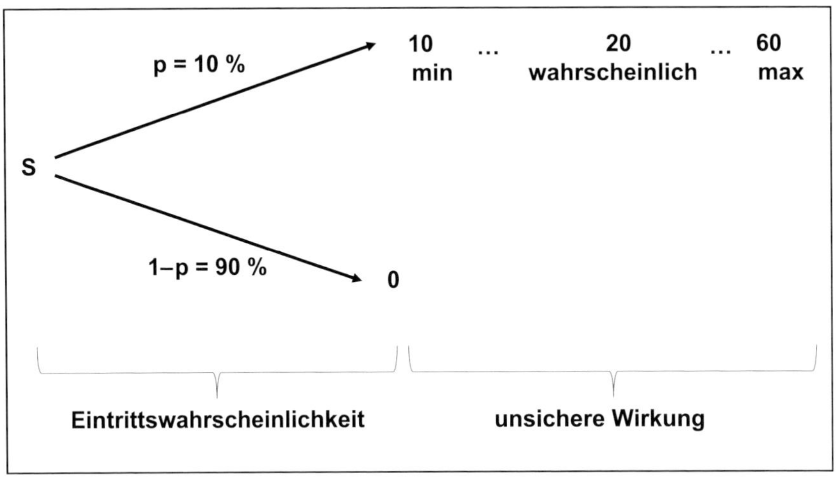

Abb. 21: Risiken mit unsicherer Wirkung[111]

[111] Gleißner, 2017, S. 177.

Der **Erwartungswert** des Schadens (S) beträgt dann

$$E(S) = p \cdot \frac{(a+b+c)}{3} = 0{,}1 \cdot \frac{10+20+60}{3} = 3.$$

8.2 Anhang 2: Anforderungen aus DIIR RS Nr. 2 an die Vorbereitung „unternehmerischer Entscheidungen"

	erfüllt	teilweise erfüllt	nicht erfüllt
Ist präzise definiert, was unter einer „unternehmerischen Entscheidung" zu verstehen ist (und was nicht)?			
Ist organisatorisch sichergestellt, dass keine „unternehmerischen Entscheidungen" getroffen werden ohne adäquate Entscheidungsvorlagen?			
Ist definiert, welche Inhalte in einer Entscheidungsvorlage enthalten sein müssen, um von „angemessenen Informationen" (§ 93 AktG) ausgehen zu können?			
Sind die Kerninhalte von Entscheidungsvorlagen grundsätzlich verfügbar (z. B. Aussagen zu Ziel, Beurteilungsmaßstab, Handlungsmöglichkeiten, Ausgangssituation, Annahmen, Prognosen, Risiken, möglichen „bestandsgefährdenden Entwicklungen" (Rating)?			
Ist festgelegt, mit welcher Methode die Auswirkung einer „unternehmerischen Entscheidung" auf zukünftigen (1) Ertrag und (2) Risiko gegeneinander abgewogen wird (risikogerechte Bewertung)?			

	erfüllt	**teilweise erfüllt**	**nicht erfüllt**
Werden zur Vorbereitung von Entscheidungen des Vorstands insbesondere dokumentierte Risikoanalysen durchgeführt, die zeigen, welche Änderungen des Risikoumfangs durch die Entscheidungen bedingt sind (§ 93 AktG)?			
Ist sichergestellt, dass das Risikomanagement bei wesentlichen unternehmerischen Entscheidungen durch geeignete Prozesse in die Entscheidungsvorbereitung involviert wird (und bei anderen unternehmerischen Entscheidungen gegebenenfalls Risikoanalysen entsprechend den methodischen Vorgaben des Risikomanagements durchgeführt werden)?			
Sind bei Bedarf bestehende (Management-)Systeme, bspw. Controlling, Treasury, QM, in die Risikoanalyse eingebunden (z. B. um alle unsicheren Planannahmen zu erfassen, die diese Risiken zeigen)?			
Sind bei Bedarf bestehende (Management-)Systeme, bspw. Controlling, Treasury, QM, in die Risikoanalyse eingebunden (z. B. um alle unsicheren Planannahmen zu erfassen, die diese Risiken zeigen)?			
Wird die Wirkung der Entscheidung auf Risikotragfähigkeit und Risikotoleranz durch geeignete Kennzahlen gemessen?			
Ist gewährleistet, dass bei der für die entscheidungsvorbereitenden Risikoanalysen die im Risikomanagement allgemein gültigen Methoden für Risikoidentifikation und Risikoquantifizierung beachtet werden?			

	erfüllt	teilweise erfüllt	nicht erfüllt
Werden auch strategische Risiken erfasst und in der Unternehmensführung regelmäßig diskutiert, insbesondere Bedrohungen der Erfolgspotenziale?			
Werden insbesondere die in den Entscheidungsvorlagen notwendigen Risikoanalysen strukturiert durch eine neutrale Instanz (die also die Risikoanalyse nicht selbst erstellt hat) geprüft?			
Gibt es Regelungen für eine angemessene „informationelle Fundierung“, also einen in Anbetracht der Bedeutung einer Entscheidung (Risikogehalt, Investitionsvolumen), angemessenen Einsatz an Ressourcen (Zeit und Geld)?			
Werden Eigenkapitalbedarf und Kapitalkosten risikogerecht aus der Risikosituation (Ertragsrisiko aus Risikoaggregation) abgeleitet?			
Werden in Entscheidungsvorlagen für die Unternehmensführung Ertrag und Risiko nachvollziehbar abgewogen (z. B. durch die Ableitung von Kapitalkosten als Renditeanforderung aus der Risikoanalyse)?			
Ist klargestellt, welche Stelle die Entscheidungsvorlagen bei Vorstand/Geschäftsführung einbringt (und diese später – mit der getroffenen Entscheidung – archiviert)?			
Sind Verfahren für eine „Qualitätssicherung der Entscheidungsvorlagen“ sowie zugehörige Prüfkriterien, festgelegt?			

	erfüllt	**teilweise erfüllt**	**nicht erfüllt**
Gibt es geeignete Mechanismen, um die Neutralität von Entscheidungsvorlagen zu gewährleisten?			
Sind die Vorlagen für „unternehmerischer Entscheidungen" tatsächlich neutrale Entscheidungsvorlagen (und nicht etwa Anträge eines interessierten Antragstellers)?			

Tab. 14: Leitfaden zum DIIR Revisionsstandard Nr. 2: Fragen zur Einbeziehung des Risikomanagements bei der Vorbereitung „unternehmerischer Entscheidungen" (§ 93 AktG)[112]

8.3 Anhang 3: Monte-Carlo-Simulation als Methode der Risikoanalyse und -bewertung

Die Monte Carlo-Simulation (MCS) liefert Informationen darüber,

- welchen Erwartungswert und welche Bandbreite die unternehmerische Zielgröße, z.B. der EBIT aber auch der Kapitalwert eines Investitionsprojektes annehmen kann,
- ob es sich um eine eher optimistische oder eine pessimistische Planung handelt, da im ersten Fall der Planwert der Zielgröße größer als deren Erwartungswert ist,
- mit welcher Wahrscheinlichkeit ein negativer Wert der Zielgröße möglich ist und in welchem Umfang Risikodeckungspotenzial für dessen Deckung vorzuhalten ist und
- welche erwartete Rendite in Anbetracht der eingegangenen Risiken für bestimmte Maßnahmen angemessen ist.

Ausgangspunkt einer MCS ist die Aufstellung eines Simulationsmodells, z.B. einer GuV-Planung oder einer Kapitalwertberechnung. Wesentliche Zusammenhänge zwischen den einzelnen Variablen dieses Simulationsmodells, z.B. Zielgrößen, Annahmen und Nebenbedingungen müssen mathematisch modelliert werden (s. Abb. 22). Der Zusammenhang zwischen diesen Größen kann durch Sensitivitäten abgebildet werden, die bei ausreichender Datenlage durch Regressionsanalysen aus historischen Zeitreihen bestimmt oder alternativ durch Experten geschätzt werden.

[112] FutureValue Group AG.

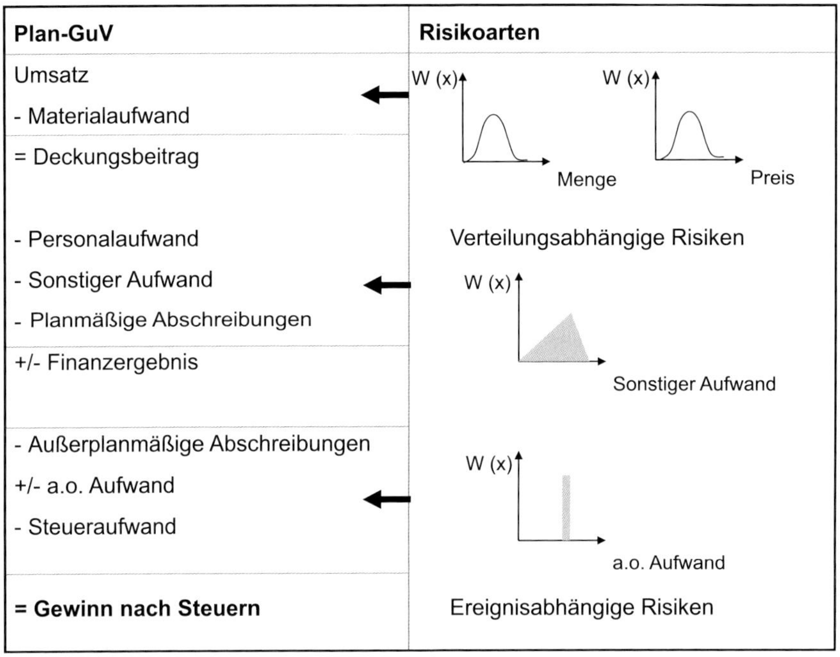

Abb. 22: Risikosimulation mit GuV-Daten[113]

Anschließend werden **Wahrscheinlichkeitsverteilungen** für die zukünftige Entwicklung einzelner Zielgrößen, Prämissen und Entscheidungsvariablen, die als Berechnungsinputs in das Modell eingehen, festgelegt. Dabei erfolgt eine Unterscheidung in qualitative Risiken, Ereignisrisiken und Verteilungsrisiken.[114] So kann beispielsweise häufig eine Normalverteilung der Absatzmenge unterstellt werden. Außerdem können ereignisorientierte Risiken wie z. B. eine Betriebsunterbrechung durch Feuer in das außerordentliche Ergebnis einbezogen werden.[115] Es wird empfohlen, dabei zunächst den Wertebereich der einzelnen Annahmen und Variablen festzulegen und dann anhand von Häufigkeitsverteilungen der Vergangenheitsdaten oder anhand von Plausibilitätsüberlegungen eine geeignete Verteilung zu bestimmen.

Anschließend müssen anhand von Korrelationsanalysen historischer Daten oder Plausibilitätsüberlegungen **stochastische Abhängigkeiten** zwischen den Modellgrößen festgelegt werden. So kann bspw. eine positive Korrelation zwischen den Material- und den Energiekosten angenommen werden, wenn für die Fertigung eines Produkts ein wesentlicher Energiekostenanteil anfällt.

Nach Abschluss der Modellierung und Parametrisierung wird die eigentliche Simulation durchgeführt. Dazu wird aus jeder Verteilung zufällig eine Realisation

[113] Burger/Buchhart, 2002, S. 246.
[114] Vgl. Steinke/Löhr, 2014, S. 618 f.
[115] Zur Risikoanalyse und -quantifizierung vgl. Gleißner, 2017, S. 99 ff.

jeder Inputgröße gezogen und das Planungsmodell einmal durchgerechnet. Bei jedem **Simulationslauf** ergibt sich dann eine andere Kombination von realisierten Plangrößen und realisiertem Wert der Zielgröße (s. Abb. 23). Die Zahl der notwendigen Simulationsläufe ist kontextabhängig.

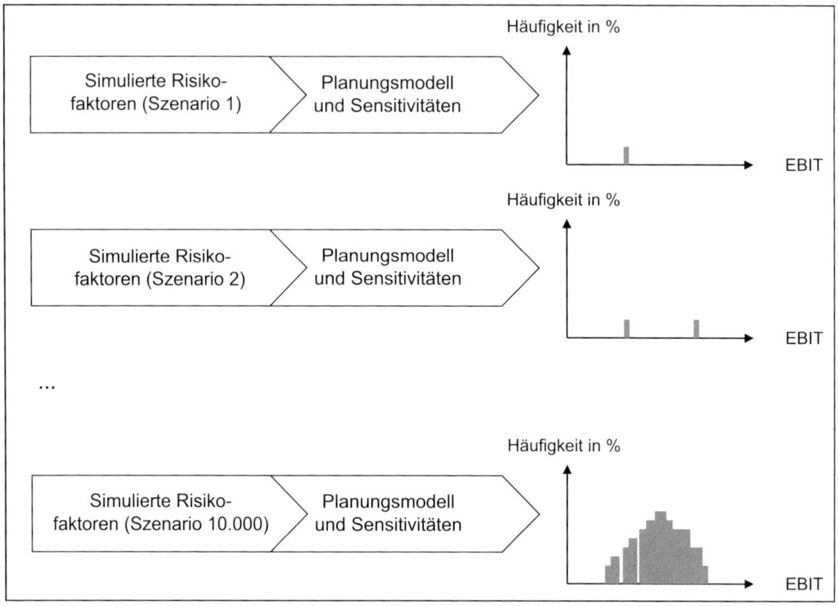

Abb. 23: Vorgehensweise bei der CFaR-Ermittlung[116]

Die Gesamtheit aller Simulationsläufe liefert eine repräsentative Stichprobe möglicher Ausprägungen der Zielgröße, z. B. des EBIT oder des Kapitalwertes, als Wahrscheinlichkeitsverteilung, die dann durch statistische Kennzahlen ausgewertet wird.[117] Zudem können mittels Sensitivitätsanalyse mögliche Abhängigkeiten der Zielgrößen von Planannahmen systematisch analysiert werden.

8.4 Anhang 4: Performance- und Risikomaße

Zur Abbildung des Risiko-Rendite-Profils von Managemententscheidungen werden **risikoadjustierte Performancemaße** wie der **Return on Risk-adjusted Capital** (**RORAC**) vorgeschlagen.[118] Beim RORAC wird die durch eine Entscheidungsalternative erzielbare, erwartete Überrendite ins Verhältnis zu ihrem notwendigen ökonomischen Kapital gesetzt. Das ökonomische Kapitel umfasst das Eigenkapital, das unerwartete Verluste der Alternative bis zu einem bestimmten Konfidenz-

[116] Diederichs, 2018, S. 167.
[117] Vgl. Gleißner, 2017, S. 167 ff.
[118] Vgl. auch im Folgenden Gladen, 2011, S. 338 ff.; Brüggemann et al., 2017, S. 58 ff.

niveau decken soll. Es wird als Differenz zwischen dem z.B. mittels einer Monte-Carlo-Simulation ermitteltem At Risk-Wert der Alternative abzüglich ihrer erwarteten Verluste berechnet. Erwartete Verluste sind über die Risikokosten bei der Alternativenbewertung zu berücksichtigen. Die Überrendite einer Alternative ergibt sich als Differenz zwischen dem geplanten betriebswirtschaftlichen Ergebnis und der risikofreien Rendite einer Alternativanlage.

$$(1) RORAC = \left(\frac{\textit{betriebswirtschaftliches Ergebnis} - \textit{risikofreie Rendite}}{\textit{ökonomisches Kapital}}\right) \cdot 100\,\%$$

Da der RORAC die geforderte Mindestverzinsung (Hurdle-Rate) eines Unternehmens nicht berücksichtigt, können alternativ der Risk-adjusted Return on Capital (RAROC) und der Risk-adjusted Return on Risk-adjusted Capital (RARORAC) berechnet werden.

$$(2) RORAC = \left(\frac{\textit{betriebswirtschaftliches Ergebnis} - \textit{erwarteter Verlust}}{\textit{ökonomisches Kapital}}\right) \cdot 100\,\%$$

Der erwartete Verlust wird durch Multiplikation der Eintrittswahrscheinlichkeiten mit den Schadensausmaßen der möglichen Verlustereignisse der Entscheidungsalternative berechnet.

(3) RARORAC = RORAC – Hurdle-Rate

Zudem können folgende **Risikomaße** zur Auswertung einer Verteilung der Zielgröße einer Entscheidung verwendet werden:[119]

- Der **Worst Case** ist der geringste mögliche Wert der Zielgröße. Er ist daher für besonders risikoscheue Entscheider relevant. Zudem muss ein Unternehmen zur Sicherung der Risikotragfähigkeit auch für den Worst Case ausreichend finanzielle Reserven bereithalten.
- Risikoscheue Entscheider bevorzugen wenig volatile Zielgrößen. Daher kann auch die **Spannweite bzw. Bandbreite** zwischen dem besten und dem schlechtesten Ergebnis einer Entscheidungsalternative als Risiko interpretiert werden.
- Außerdem können die Standardabweichung bzw. Volatilität oder At-Risk-Kennzahlen verwendet werden. Die **Volatilität** beschreibt die gesamte Schwankung der Wertentwicklung einer Risikoposition. Je größer die Volatilität ist, desto größer ist die Schwankung der Wertentwicklung und desto größer ist das Risiko einer unsicheren Zielgröße.
- **At-Risk-Kennzahlen** beschreiben den minimalen Wert einer unternehmerischen Zielgröße, z.B. des EBIT, der innerhalb eines bestimmten Zeitraums (Haltedauer) mit einer bestimmten Wahrscheinlichkeit (Konfidenzniveau)

[119] Vgl. Vanini/Rieg, 2021, S. 246ff.

nicht unterschritten wird. Während der Value at Risk i.d.R. in Finanzinstituten zur Steuerung der Marktpreis- und Adressenausfallrisiken zum Einsatz kommt, verwenden Industrie- und Dienstleistungsunternehmen vor allem Earnings-at-Risk- oder Cashflow-at-Risk-Modelle.[120]

- Der **Variationskoeffizient** ist der Quotient von Standardabweichung und Erwartungswert einer Zielgröße. Je kleiner der Erwartungswert ist, desto negativer ist das Risiko in Form der Streuung zu bewerten und desto größer ist der Variationskoeffizient.
- Zusätzlich können **Lower Partial Moments (LPM)** als Risikomaße verwendet werden. LPM sind ebenfalls Downside-Risikomaße, die den Verlustbereich einer Verteilung möglicher Wertentwicklungen einer Risikoposition näher untersuchen. Für die Ermittlung der LPM wird zunächst ein Schwellenwert für die gerade noch akzeptierte Wertentwicklung definiert. Anschließend wird die Wertentwicklung der Risikoposition unterhalb dieses Schwellenwertes untersucht.[121] Dabei gibt es verschiedene LPM. Der LPM 0 potenziert alle Unterschreitungen mit dem Faktor 0 und weist ihnen somit den Wert 1 zu. Durch Summation der Zahl der Unterschreitung und anschließender Division mit der Gesamtzahl der beobachteten Wertentwicklungen wird der LPM 0 berechnet, der sich als Eintrittswahrscheinlichkeit einer Unterschreitung des Schwellenwertes interpretieren lässt. Der LPM 1 potenziert die Unterschreitung des Schwellenwertes mit dem Faktor 1 und ermittelt anschließend einen Durchschnittswert aller Unterschreitungen. Der LPM 2 potenziert die Unterschreitungen mit dem Faktor 2 und ermittelt den Durchschnitt der quadrierten Abweichungen. Größere Unterschreitungen erhalten damit ein stärkeres Gewicht. Der LPM 2 lässt sich somit als eine Art Varianz interpretieren.

Neben den Risikomaßen können **Frühwarnindikatoren** definiert werden. Diese messen die Ursachen potenzieller Risiken und Chancen, z.B. ist die Ausschussquote ein Indikator für Produktionsrisiken oder der Auftragseingang ein Indikator für Absatzrisiken.[122] Operative Frühwarnindikatoren basieren auf erfolgs- oder liquiditätsorientierten Kennzahlen des traditionellen Rechnungswesens, die mithilfe von Prognoseverfahren auf das Jahresende hochgerechnet werden. Durch Soll-Ist-Abweichungsanalysen sollen kurzfristige finanzielle Risiken identifiziert werden. Durch eine Über- bzw. Unterschreitung zuvor festgelegter Toleranz- oder Schwellenwerte werden Warnmeldungen ausgelöst. Operative Frühwarnindikatoren haben i.d.R. keinen ausreichenden zeitlichen Vorlauf, tragen nicht zur Identifikation von Strukturbrüchen in der Umweltentwicklung bei und unterstützen auch nicht Ursachenanalysen für die identifizierten finanziellen Risiken.[123] **Früherkennungsindikatoren** (lead indicators) fokussieren sich dagegen auf

[120] Vgl. Diederichs, 2018, S. 165ff.
[121] Vgl. auch im Folgenden Albrecht/Huggenberger, 2015, S. 47f.; Wolke, 2016, S. 64ff.; Diederichs, 2018, S. 169f.
[122] Vgl. Burger/Buchhart, 2002, S. 71ff.; Diederichs, 2018, S. 118ff.
[123] Vgl. Baum et al., 2013, S. 371ff.; Diederichs, 2018, S. 119f.

externe Beobachtungsbereiche und weisen einen eher mittelfristigen Prognosehorizont auf. Sie versuchen, Risiken und Chancen zu identifizieren, bevor sich diese in Unternehmenskennzahlen niederschlagen. Das Problem liegt in der Zusammenstellung eines umfassenden, eindeutigen, rechtzeitig verfügbaren und effizienten Indikatorenkatalogs.[124] Das Controlling muss dann geeignete **Früherkennungsindikatoren**, z. B. Reklamationsquoten oder Auftragseingänge, für Veränderungen der relevantesten Planannahmen definieren und diese regelmäßig überwachen, um bei Überschreiten zuvor definierter Toleranzgrenzen Risiken und Chancen rechtzeitig zu identifizieren und dem Management zu kommunizieren.[125]

8.5 Anhang 5: Von der Risikoanalyse und -aggregation zum Kapitalkostensatz

Ausgehend vom risikolosen Zinssatz r_f ergibt sich mit dem Erwartungswert des Ertrags E^e folgende Gleichung für den risikogerechten Kapitalisierungssatz (**Kapitalkostensatz**):[126]

$$k = \frac{1 + r_f}{1 - \lambda \cdot \frac{\sigma_{Ertrag}}{E^e} \cdot d} - 1 = \frac{1 + r_f}{1 - \lambda \cdot V \cdot d} - 1.$$

Das Verhältnis von Ertragsrisiko σ_{Ertrag} zum erwarteten Ertrag E^e, die beide von Chancen und Gefahren abhängig sind, ist der Variationskoeffizient V, der sich aus Risikoanalyse und Risikoaggregation ergibt (s. Kap. 3.6). Die Größe λ zeigt die Überrendite pro Einheit Risiko (**Sharpe Ratio**).

$$\lambda = \frac{Marktrisikoprämie}{\sigma_{r_m}} = \frac{r_m^e - r_f}{\sigma_{r_m}}.$$

Sie ist abhängig von der erwarteten Rendite des Marktindex

$$r_m^e$$

deren Standardabweichung

$$\sigma_{r_m}$$

[124] Vgl. auch im Folgenden Diederichs, 2018, S. 120 ff.
[125] Vgl. Gleißner/Kalwait, 2010, S. 24 ff.
[126] Vgl. zur Herleitung über „unvollständige Replikation" Gleißner, 2011.

und dem risikolosen Basiszins r_f und drückt das Ertrag-Risiko-Profil der Alternativinvestments aus. Da die Eigentümer nicht unbedingt alle Risiken des Unternehmens σ_{Ertrag} tragen, ist zudem der Risikodiversifikationsfaktor (*d*) zu berücksichtigen. Er zeigt den Anteil der Risiken, den der Eigentümer zu tragen hat. Der Risikodiversifikationsgrad *d* ist in einem realen unvollkommenen Markt abhängig von den Möglichkeiten des Bewertungssubjekts auf Ebene seines Portfolios, Risikodiversifikationseffekte zu erreichen. Man kann eine Schätzung des Risikodiversifikationsgrads *d* über die Korrelation der (trendbereinigten) Erträge (bzw. des Ertragswachstums) des Unternehmens zum Ertrag aller Unternehmen des Marktindex ableiten. Aus der simulationsbasierten Risikoaggregation folgt implizit der Risikodiversifikationsfaktor *d*, wenn man exogene Risikofaktoren zur Erfassung des systematisch, unternehmensübergreifenden Risikos eigenständig betrachtet („Risikofaktormodell"). Unter den speziellen Annahmen des CAPM ergibt sich *d* als Korrelation zur Rendite des Marktportfolios. Ohne Risikodiversifikation gilt d=1.

Im Ergebnis führt die Risikoanalyse und Risikoaggregation damit zu Kapitalkosten, die die risikogerechte Anforderung an die Rendite eines Projekts, eines Geschäftsbereiches oder Unternehmens, ausdrückt (z. B. für die Berechnung eines **Discounted Cashflows** DCF oder Economic Value Added EVA).

8.6 Anhang 6: Quantifizierung der Risiken von mehrperiodigen Investitions- und Innovationsprojekten

Wesentliche monetäre Erfolgskriterien für die Beurteilung von mehrperiodigen Projekten sind deren Rendite, Amortisation sowie Kapitalwert.[127] Im Folgenden fokussieren wir uns auf den Kapitalwert als Entscheidungskriterium. Dieser wird auf der Grundlage einer möglichst realistischen Schätzung der Projektlaufzeit, der zukünftigen Auszahlungen und Einzahlungen während dieser Zeit sowie des Diskontierungszinssatzes ermittelt. Das Risiko des Projektes ergibt sich aus Risikofaktoren, die

- zu Änderungen der Projektlaufzeit führen, z. B. durch eine übermäßige Nutzung, die zu einem stärkeren Verschleiß und einer Verkürzung der Nutzungsdauer eine Maschine führt,
- zu Änderungen des geplanten Cashflows führen. Beispielsweise können Wartungskosten eines Investitionsobjektes unterschätzt oder Einzahlungen durch einen geplanten aber nicht realisierten Absatz überschätzt werden. Auch zeitliche Verschiebungen des Cashflows z. B. eine spätere Realisierung von Einzahlungen durch eine verspätete Markteinführung können zu Abweichungen vom geplanten Kapitalwert führen. Andererseits können durch eine höhere Nachfrage oder eine schnellere Projektabwicklung auch höhere oder frühere Einzahlungen erfolgen,

[127] Für einen Überblick vgl. u. a. Vanini et al., 2019, S. 347 ff.

die zu positiven Abweichungen vom geplanten Kapitalwert führen können und daher Chancen für das Unternehmen darstellen.
- zu Änderungen des Diskontierungszinssatzes führen.

Für jedes größere geplante Investitions- oder Innovationsprojekt muss eine Planung durchgeführt und Risiken mittels MCS ermittelt werden, um verschiedene Investitionsalternativen miteinander vergleichen zu können.[128] Dabei müssen Verteilungen und Bandbreiten für folgende Inputgrößen definiert und mittels MCS verknüpft werden:

- Projektlaufzeit, ggf. aufgeteilt nach den verschiedenen Phasen, z.B. Entwicklungszeit bis zur Markteinführung, Nutzungsdauer bzw. Marktphase, ggf. Entsorgungsphase.
- Wesentliche Parameter des Cashflows, d.h. Anfangsauszahlungen durch die Beschaffung eines Investitionsobjektes, Folgeauszahlungen aufgrund der Nutzung und Wartung des Investitionsobjektes sowie Einzahlungen aufgrund geschätzter Absatzvolumina und -preise.
- Diskontierungsfaktoren, die die risikoadäquate Mindestanforderung an die Rendite darstellen und damit aus Risikoanalyse und Risikoaggregation abgeleitet werden sollen.

Wesentliche Größen für die Beurteilung der ökonomischen Vorteilhaftigkeit eines Investitions- und Innovationsprojektes sind dann:

- der erwartete Kapitalwert und dessen Abweichung vom Plan-Kapitalwert unter Sicherheit sowie dessen Volatilität,
- die erwartete Rendite und deren Abweichung von der Plan-Rendite sowie deren Volatilität,
- die erwartete Amortisationsdauer und deren Abweichung von der geplanten Amortisationsdauer sowie deren Volatilität,
- der Worst-Case-Wert und ggf. der At-Risk-Wert für ein bestimmtes Konfidenzniveau der drei Zielgrößen,
- die Wahrscheinlichkeit eines negativen Kapitalwertes oder einer Rendite unter der Hurdle-Rate
- sowie geeignete Variationskoeffizienten.

8.7 Anhang 7: Risikodeckungspotenzial

Die Risikotragfähigkeit wird als gegeben angesehen, wenn das vorhandene **Risikodeckungspotenzial** eines Unternehmens größer als seine aggregierten Gesamtrisiken ist. Das finanzielle Risikodeckungspotenzial federt die Auswirkungen von eingetretenen Risiken auf die Liquidität und damit die Zahlungsfähigkeit ab. Es

[128] Für ein detailliertes Beispiel vgl. Duscher et al., 2012.

hängt von den zukünftigen überschüssigen Cashflows, den verfügbaren Kreditlinien und leicht liquidierbaren Vermögenswerten des Unternehmens ab. Durch das erfolgsrechnerische Risikodeckungspotenzial werden die Auswirkungen von Risiken auf die GuV und damit auf den Gewinnausweis aufgefangen. Es ist von der Ertragskraft bzw. dem geplanten Gewinn eines Unternehmens, seinen offenen und stillen Reserven und seinem Eigenkapital abhängig. Dabei ist zu beachten, dass es sich bei den einzelnen Positionen teilweise um Planwerte aus der Gewinn- und Liquiditätsplanung handelt. Der geplante Gewinn des Folgejahres wird üblicherweise in einen Mindestgewinn und einen Residual- oder Übergewinn aufgeteilt. Der Mindestgewinn resultiert z.B. aus geplanten Dividendenzahlungen an die Eigentümer oder eine geplante Zuführung zu den Gewinnrücklagen. Die Verwendung des Übergewinns steht i.d.R. noch nicht fest. Nach ihrer Verfügbarkeit werden unterschiedliche Klassen des Risikodeckungspotenzials unterschieden.[129]

Stufe der Risikodeckung	**Finanzielle Risikodeckungspotenziale**	**Erfolgsrechnerische Risikodeckungspotenziale**
Risikodeckungspotenzial 1. Klasse	• Liquiditätswirksamer Zufluss aus in die Absatzpreise einkalkulierten Risikozuschlägen • überschüssige Cashflows (nach Fremdkapitalzinsen, Dividenden, geplanten Investitionen und sonstigen geplanten Ausgaben)	• in Absatzpreise einkalkulierte Risikozuschläge • Übergewinn • für erwartete Verluste gebildete Rückstellungen
Risikodeckungspotenzial 2. Klasse	• nicht ausgeschöpfte Kreditlinien • Neukreditaufnahme • leicht liquidierbare Finanzanlagen • veräußerbare Forderungen	• Mindestgewinn • stille Reserven
Risikodeckungspotenzial 3. Klasse	• Abbau Working Capital • sonstige liquidierbare Vermögensgegenstände • sonstige Liquiditätszuflüsse	• offene Rücklagen • Grund-/Stammkapital

Tab. 15: Klassen des Risikodeckungspotenzials[130]

[129] Vgl. Giebel, 2011, S. 56ff.
[130] In Anlehnung an Hölscher, 2002, S. 24.

Nach dem **Prinzip der Unternehmensfortführung** sollten für die weitere Existenz des Unternehmens unverzichtbare Aktiva nicht ins Risiko gestellt werden. Weiterhin ist zu berücksichtigen, dass sich im Krisenfall das Verhalten der Umwelt ändern kann, z.B. kann es zu einer temporären Kürzung von Kreditlinien kommen oder die geplanten überschüssigen Cashflows können aufgrund von ungünstigen Marktentwicklungen nicht realisiert werden. Das Risikodeckungspotenzial 1. Klasse kann sofort und ohne zusätzlichen Aufwand eingesetzt werden, während der Einsatz des Risikodeckungspotenzials 2. Klasse mit Aufwand verbunden ist und einen gewissen zeitlichen Vorlauf benötigt. Beispielsweise erfordert eine Neukreditaufnahme Verhandlungen mit der Hausbank. Der Zugriff auf das Risikodeckungspotenzial 3. Klasse verursacht neben zusätzlichem Aufwand auch eine negative Öffentlichkeitswirkung, wenn z.B. die Gewinnrücklagen aufgelöst oder das Eigenkapital angegriffen werden müssen.

Der Begriff des Risikodeckungspotenzials ist in Bezug zu setzen mit dem Begriff der Risikotragfähigkeit, auf dem z.B. die Risikomanagementstandards DIIR Revisionsstandard Nr. 2 (2018) und der IDW Prüfungsstandard 340 n.F. (2020) aufsetzen (s. auch Kap. 2.5). Die Risikotragfähigkeit kann man als denjenigen Anteil des Risikodeckungspotenzials interpretieren, der durch den Gesamtrisikoumfang noch nicht in Anspruch genommen wird (also „frei" ist). Eine Risikotragfähigkeit von 0 bedeutet, dass der aggregierte Gesamtrisikoumfang gerade dem Risikodeckungspotenzial entspricht.[131]

Bei der Bestimmung von Risikotragfähigkeit und Risikodeckungspotenzial ist heute primär auf die Liquidität Bezug zu nehmen, weil bestandsgefährdende Entwicklungen und Insolvenzen quasi immer das Resultat (drohender) Illiquidität sind.[132] Da Illiquidität in der Regel auftritt, wenn Mindestanforderungen an das Rating verletzt werden oder Covenants reißen, die zur Kreditkündigung führen, basiert eine Quantifizierung von Risikodeckungspotenzial und Risikotragfähigkeit heute im Wesentlichen auf Messkonzepten, die den Bezug zu Rating und Covenants herstellen.[133] So wird das (freie) Risikodeckungspotenzial als derjenige Betrag interpretiert, den ein Unternehmen (liquiditätswirksame) maximal verkraften kann, ohne dass Mindestanforderungen aus Covenants und Ratings verletzt werden. Eine explizite Messung des Risikodeckungspotenzials ist so gar nicht erforderlich, sondern ist implizit im Ratingmodell enthalten. Zudem wird angegeben, mit welcher Wahrscheinlichkeit diese Mindestanforderungen verletzt werden (via Risikoaggregation). Auch hier ist eine explizite Messung des Risikodeckungspotenzials für die Bestimmung der Risikotragfähigkeit nicht erforderlich. Der Begriff des Risikodeckungspotenzials wird daher beispielsweise im IDW PS 340 n.F. (2020), nicht mehr verwendet. Gefordert wird ein Konzept für die Messung der Risikotragfähigkeit als Ergänzung zur Risikoaggregation.

---

131 Vgl. Gleißner/Wolfrum, 2017, zur genauen Ausgestaltung.

132 Gemäß StaRUG von 2021 ist nur eine drohende Illiquidität in den nächsten 24 Monaten zu betrachten.

133 Vgl. Gleißner/Wolfrum, 2017, und den IDW PS 340 n.F., der nun auf Rating und Covenants Bezug nimmt.

9 Literaturverzeichnis

Albrecht/Huggenberger, Finanzrisikomanagement – Methoden zur Messung, Analyse und Steuerung finanzieller Risiken, 2015.

Albrecht/Maurer, Investment- und Risikomanagement, 2005.

Artzner/Delbaen/Eber/Heath, Coherent Measures of Risk, in Mathematical Finance, July, 1999, S. 203–228.

Ballwieser, Unternehmensbewertung zwischen Individual- und idealisiertem Marktkalkül, in Königsmaier/Rabel (Hrsg.), Unternehmensbewertung. Theoretische Grundlagen – Praktische Anwendung, 2010, S. 63–81.

Ballwieser/Hachmeister, Unternehmensbewertung: Prozess, Methoden und Probleme, 5. Aufl. 2016.

Bamberg/Coenenberg/Krapp, Betriebswirtschaftliche Entscheidungslehre, 16. Aufl. 2019.

Baum/Coenenberg/Günther, Strategisches Controlling, 5. Aufl. 2013.

Becker/Ulrich/Zimmermann, Betriebsgröße als Gestaltungsparameter des Controllings, in Controlling, 24. Jg., Nr. 4–5, 2012, S. 208–213.

Bond/Carlson/Keeney, Generating Objectives: Can Decision Makers Articulate What They Want?, in Management Science, Vol. 54, 2008, S. 56–70.

Brandtner, Risikomessung mit kohärenten, spektralen und konvexen Risikomaßen: Konzeption, entscheidungstheoretische Implikationen und finanzwirtschaftliche Anwendungen, 2012.

Brüggemann/Binder/Högsdal, Performance-Maße zur risikoadjustierten Steuerung, in Controlling & Management Review, 61. Jg., Nr. 4, 2017, S. 58–63.

Burger/Buchhart, Risiko-Controlling, 2002.

COSO ERM, Enterprise Risk Management – Integrating Strategy with Performance, 2017.

Dellmann/Pedell, Controlling von Produktivität, Wirtschaftlichkeit und Ergebnis, 1994.

Deloitte, Benchmarkstudie Risikomanagement 2020. Ausgestaltung von Risikomanagementsystemen nach IDW PS 981 und IDW 340 n. F., https://www2.deloitte.com/de/de/pages/audit/articles/risikomanagement-benchmarkstudie-2020.html, Abrufdatum: 9.7.2020.

Deutsches Institut für Interne Revision e.V., DIIR Revisionsstandard Nr. 2: Prüfung des Risikomanagementsystems durch die Interne Revision, Version 2.0, 2018, https://www.diir.de/fileadmin/fachwissen/standards/downloads/DIIR_Revisionsstandard_Nr._2_Version_2.0.pdf, Abrufdatum: 13.10.2020.

Diederichs, Risikomanagement und Risikocontrolling, 4. Aufl. 2018.

Dorfleitner/Gleißner, Valuing streams of risky cashflows with risk-value models, in Journal of Risk, Vol. 20, No. 3, 2018, S. 1–27.

Dörner, Die Logik des Mißlingens: strategisches Denken in komplexen Situationen, 2011.

Duscher/Meyer/Spitzner, Volatilität kalkulieren und steuern im Sinne eines wertorientierten Investitionscontrollings, in ZfCM Controlling & Management, 56. Jg., Sonderheft Nr. 2, 2012, S. 6–11.

Eisenführ/Weber/Langer, Rationales Entscheiden, 5. Aufl. 2010.

Flath/Göppel/Heller-Herold, Risikotragfähigkeit, -appetit und –toleranz als wesentliche Strategieparameter zur risikoorientierten Unternehmensteuerung, in Risk Management Association/Internationaler Controller Verein (Hrsg.), Vernetzung von Risikomanagement und Controlling, Erich Schmidt, Berlin, 2018, S. 116–129.

Friedl, Controlling, 2. Aufl. 2013.

Fourné/Guessow/Schäffer, Chapter 7 Controller Roles: Scale Development and Validation, in Epstein (Hrsg.), Performance measurement and management control. The relevance of performance measurement and management control research, Bingley, UK, 2018, S. 143–190.

Franken/Gleißner/Schulte, Insolvenzrisiko und Berücksichtigung des Verschuldungsgrads bei der Bewertung von Unternehmen – Stand der Diskussion nach Veröffentlichung des IDW Praxishinweises 2/2018, in Corporate Finance, 11. Jg. Nr. 3–4, 2020, S. 84–96.

Georgiou/Hillebrand, Die Rolle der Rechnungslegung bei KMUs, in Betriebswirtschaftliche Forschung und Praxis, 72. Jg., Nr. 1, 2020, S. 40–65.

Giebel, Optimierung der passiven Risikobewältigung – Integration von Selbsttragen und Risikotransfer im Rahmen des industriellen Risikomanagements, 2011.

Gladen, Performance Measurement. Controlling mit Kennzahlen, 5. Aufl. 2011.

Gleißner, Die Psychologie unternehmerischer Entscheidungen, in Wirtschaftspsychologie, 9. Jg., Juni 2003, S. 160–163.

Gleißner, Risikoanalyse und Replikation für Unternehmensbewertung und wertorientierte Unternehmenssteuerung, in Wirtschaftswissenschaftliches Studium, 40. Jg., Nr. 7, 2011, S. 345–352.

Gleißner, Die risikogerechte Bewertung alternativer Unternehmensstrategien: ein Fallbeispiel jenseits CAPM, in Bewertungspraktiker, 9. Jg., Nr. 3, 2013, S. 82–89.

Gleißner, Kapitalmarktorientierte Unternehmensbewertung: Erkenntnisse der empirischen Kapitalmarktforschung und alternative Bewertungsmethoden, in Corporate Finance, 5. Jg., Nr. 4, 2014, S. 151–167.

Gleißner, Grundlagen des Risikomanagements, 3. Aufl. 2017.

Gleißner, Insolvenzrisiko: Top-Kennzahlen für Controlling, Balanced Scorecard und Risikomanagement, in Controller Magazin, 43. Jg., Nr. 4, 2018, S. 10–15.

Gleißner, Wertorientierte Unternehmensführung, Strategie und Risiko, 2019a.

Gleißner, Risikoanalyse: Ein strukturierter Leitfaden zur Risikoquantifizierung (Teil 2), in Controller Magazin, 44. Jg., Nr. 3, 2019b, S. 31–35.

Gleißner, Cost of capital and probability of default in value-based risk management, in Management Research Review, Vol. 42, No. 11, 2019c, S. 1243–1258.

Gleißner, Der Vorstand und sein Risikomanager – Umgang mit Chancen und Gefahren der Unternehmensführung, 2. Aufl. 2019d.

Gleißner, Integratives Risikomanagement. Schnittstellen zu Controlling, Compliance und Interner Revision, in Controlling, 32. Jg., Nr. 4, 2020, S. 23–29.

Gleißner, Unternehmerische Entscheidungen. Haftungsrisiken vermeiden (§ 93 AktG, Business Judgement Rule), in Controller Magazin, 46. Jg., Nr. 1, 2021, S. 17–23.

Gleißner/Kalwait, Integration von Risikomanagement und Controlling, in Controller Magazin, 35. Jg. Nr. 4, 2010, S. 23–33.

Gleißner/Kimpel, Prüfung des Risikomanagements und der neue DIIR Revisionsstandard Nr. 2, in ZIR Zeitschrift für Interne Revision, 54. Jg., Nr. 4, 2019, S. 148–159.

Gleißner/Leibbrand/Kamarás/Helm/Gerking, Krisenprävention: Stresstests für das Unternehmen? Schwächen von Stresstests, in Risiko Manager, 6. Jg., Nr. 18, 2011, S. 1, 6–15.

Gleißner/Meyer/Spitzner, Simulationsbasierte Investitionsrechnung. Kalkulation mit Unsicherheit und risikoadäquate Bewertung, in Controlling, 33. Jg., Nr. 2, 2021, S. 22–29.

Gleißner/Oertel, Conceptual framework for real estate transactions: What risk metrics are needed as decision support system? Considerations for German market participants, in Journal of Property Investment & Finance, Vol. 38, No. 3, 2020, S. 245–262.

Gleißner/Presber, Die Grundsätze ordnungsgemäßer Planung – GOP 2.1 des BDU: Nutzen für die betriebswirtschaftliche Steuerung, in Controller Magazin, 35. Jg., Nr. 6, 2010, S. 82–86.

Gleißner/Wolfrum, Risikotragfähigkeit, Risikotoleranz, Risikoappetit und Risikodeckungspotenzial, in Controller Magazin, 42. Jg., Nr. 6, 2017, S. 77–84.

Gleißner/Wolfrum, Risikoaggregation und Monte-Carlo-Simulation. Schlüsseltechnologie für Risikomanagement und Controlling, in der Reihe *essentials* erschienen, 2019.

Graumann, Gesellschaftsrechtliche Anforderungen an die Informationsgrundlage unternehmerischer Entscheidungen Versuch einer Konkretisierung unter Einbeziehung betriebswirtschaftlicher Erkenntnisse, in Corporate Compliance Zeitschrift (CCZ), 3. Jg., 2010, S. 222–228.

Graumann, Die angemessene Informationsgrundlage bei Entscheidungen, in WISU Das Wirtschaftsstudium, 43. Jg. Nr. 3, 2014, S. 317–320.

Graumann/Linderhaus/Grundei, Wann ist die Risikobereitschaft bei unternehmerischen Entscheidungen „in unzulässiger Weise überspannt“? in Betriebswirtschaftliche Forschung und Praxis, 61. Jg. Nr. 5, 2009, S. 492–505.

Groove, IDW PS 340 n.F. – Die Prüfung des Risikofrüherkennungssystems, in IDW Life, Nr. 7, 2020, S. 631ff.

Günther/Gleißner/ Walkshäusl, What happened to financially sustainable firms in the Corona crisis? in NachhaltigkeitsManagementForum, 28. Jg., Nr. 3–4, 2020, S. 83–90.

Gutenberg, Unternehmensführung, 1962.

Hering, Unternehmensbewertung, 3. Aufl. 2014.

Hichert/Faist, IBCS – Gefüllt, gerahmt, schraffiert: Wie visuelle Einheitlichkeit die Kommunikation mit Berichten, Präsentationen und Dashboards verbessert, 2019.

Hölscher, Von der Versicherung zur integrativen Risikobewältigung: Die Konzeption eines modernen Risikomanagements, in Hölscher/Elfgen (Hrsg.), Herausforderung Risikomanagement – Identifikation, Bewertung und Steuerung industrieller Risiken, 2002, S. 3–31.

Holton, Defining risk, in Financial Analysts Journal, Vol. 60, No. 6, 2004, S. 19–25.

Hopper, Role conflicts of management accountants and their position within organization structures, in Accounting, Organizations and Society, Vol. 5., Nr. 4, 1980, S. 401–411.

Horváth/Gleich/Seiter, Controlling, 14. Aufl. 2020.

Kataoka, A Stochastic Programming Model, in Econometrica, Vol. 31, No. 1/2, 1963, S. 181–196.

Köhlbrandt/Gleißner/Günther, Umsetzung gesetzlicher Anforderungen an das Risikomanagement in DAX- und MDAX-Unternehmen. Eine empirische Studie zur Erfüllung der gesetzlichen Anforderungen nach den §§ 91 und 93 AktG, in Corporate Finance, 11. Jg. Nr. 7–8, 2020, S. 248–258.

Kottbauer, Vorgehen bei der Professionalisierung der Entscheidungsfindung, in Kottbauer/Klein (Hrsg.), Unternehmerische Entscheidungen systematisch vorbereiten und treffen, 2020, S. 127–148.

Küpper/Friedl/Hofmann/Hofmann/Pedell, Controlling: Konzeption, Aufgaben, Instrumente, 6. Aufl. 2013.

Losbichler/Perkhofer/Hofer/Karrer, Entscheidungsrelevante Informationen durch interaktive Visualisierung leichter erfassen, in Kottbauer/Klein (Hrsg.), Unternehmerische Entscheidungen systematisch vorbereiten und treffen, 2020, S. 187–208.

Matschke/Brösel, Unternehmensbewertung: Funktionen Methoden – Grundsätze. 4. Aufl. 2013.

Müller-Pellet/Kottbauer, 8 wichtige Werkzeuge für Entscheidungsvorbereitung und -findung, in Kottbauer/Klein (Hrsg.), Unternehmerische Entscheidungen systematisch vorbereiten und treffen, 2020, S. 167–186.

Pedersen/Satchell, An Extended Family of Financial-Risk Measures, in Geneva Papers of Risk and Insurance Theory, Vol. 23, No. 2, 1998, S. 89–117.

Peemöller (Hrsg.), Praxishandbuch der Unternehmensbewertung, 7. Aufl. 2019.

Pfeifer/Straßburger, Stochastische Differentialgleichungen für Finanzmarktmodelle, in Luderer (Hrsg.), Die Kunst des Modellierens. Mathematisch-ökonomische Modelle, 2008.

Rambusch/Sill, Role Making versus Role Taking im Controllerbereich, in Controlling, 19. Jg., Nr. 7, 2007, S. 375–382.

Rieg, Planung und Budgetierung – was wirklich funktioniert, 2. Aufl. 2015.

Rieg/Ulrich, Integration von Risikoaspekten in die Unternehmensplanung, in Gleich/Kappes/Leyk (Hrsg.), Planung, Budgetierung und Forecasting. Der Controlling-Berater Band 59, 2019, S. 67–84.

Risk Management Association e.V. (RMA) (Hrsg.), Managemententscheidungen unter Risiko, 2019.

Roy, Safety first and the holding of assets, in Econometrica, Vol. 20, No. 3, 1952, S. 431–449.

Schachner/Speckbacher/Wentges, Steuerung mittelständischer Unternehmen: Größeneffekte und Einfluss der Eigentums- und Führungsstruktur, in Zeitschrift für Betriebswirtschaft, 76. Jg., Nr. 6, 2006, S. 589–614.

Seiter, Business Analytics – Effektive Nutzung fortschrittlicher Algorithmen in der Unternehmenssteuerung, 2017.

Siebert/Keeney, Entscheidungen: Probleme oder Chancen? in Wirtschaftswissenschaftliches Studium, 49. Jg., Nr. 6, 2020, S. 4–9.

Siebert/Kunz/Rolf, Effects of proactive decision making on life satisfaction, in European Journal of Operational Research, Vol. 280, No. 1, 2020, S. 1171–1187.

Spremann, Valuation: Grundlagen moderner Unternehmensbewertung, 2004.

StaRUG, Gesetz über den Stabilisierungs- und Restrukturierungsrahmen für Unternehmen (Unternehmensstabilisierungs- und -restrukturierungsgesetz – StaRUG), Bundesgesetzblatt Teil I Nr. 66, 2020, https://www.bgbl.de/xaver/bgbl/start.xav?startbk=Bundesanzeiger_BGBl&jumpTo=bgbl120s3256.pdf#__bgbl__%2F%2F*%5B%40attr_id%3D%27bgbl120s3256.pdf%27 %5D__1614065614121, Abrufdatum: 23.2.2021.

Steinke/Löhr, Bandbreitenplanung als Instrument des Risikocontrollings: ein Beispiel aus der Praxis bei der Deutschen Lufthansa AG, in Controlling, 26 Jg., Heft 11, 2014, S. 616–623.

Ulrich, Risikomanagement im Mittelstand. Empirische Implikationen für Aufsichtsräte und Beiräte, in Der Aufsichtsrat, 16. Jg., Nr. 12, 2019, S. 173–175.

Vanini/Heise, Monte Carlo-Simulation in der GuV-Planung des Audi-Konzerns – Eine Fallstudie. Akzeptiertes Lehrprojekt, CARF Luzern 2017 – Konferenz für praxisorientierte Lehre und Forschung, in Nadig/Egle (Hrsg.), CARF Luzern 2017, Konferenzband, Schriften aus dem Institut für FDL Zug, Bd. 43, 2017, S. 267–272.

Vanini/Krolak/Langguth Controlling. Grundlage einer entscheidungsorientierten Unternehmensführung, 2. Aufl. 2019.

Vanini/Rieg, Risikomanagement. Grundlagen – Instrumente – Unternehmenspraxis. 2. Aufl. 2021.

Vanini/Weinstock, Ansätze und Probleme der Risikoinventur bei der HSH N Real Estate AG., in Controlling, 18. Jg., Nr. 7, 2006, S. 367–373.

Weber/Schäffer, Einführung in das Controlling, 16. Aufl. 2020.

Wolke, Risikomanagement, 3. Aufl. 2016.

Stichwortverzeichnis

P

R

S

U

W

Z